# 孩子爱吃的四季蔬菜料理

## 把"讨厌"蔬菜变"好吃"的55道创意美食

李婉萍　Mini Cook 迷你酷食育工作室◎著

北京科学技术出版社

著作权合同登记号 图字：01-2017-3462

图书在版编目（CIP）数据

孩子爱吃的四季蔬菜料理 / 李婉萍，Mini Cook 迷你酷食育工作室著 .—北京：北京科学技术出版社，2019.12

ISBN 978-7-5714-0594-6

Ⅰ . ①孩… Ⅱ . ①李… ② M… Ⅲ . ①素菜—菜谱 Ⅳ . ① TS972.123

中国版本图书馆 CIP 数据核字（2019）第 250358 号

孩子爱吃的四季蔬菜料理

作　　者：李婉萍　Mini Cook 迷你酷食育工作室
策划编辑：刘　宁
责任编辑：张　艳　刘　宁
责任印制：吕　越
封面设计：汪要军
出 版 人：曾庆宇
出版发行：北京科学技术出版社
社　　址：北京西直门南大街 16 号
邮政编码：100035
电话传真：0086-10-66135495（总编室）
　　　　　0086-10-66113227（发行部）
　　　　　0086-10-66161952（发行部传真）
电子信箱：bjkj@bjkjpress.com
网　　址：www.bkydw.cn
经　　销：新华书店
印　　刷：北京宝隆世纪印刷有限公司
开　　本：889mm × 1130mm　1/16
字　　数：300 千字
印　　张：16.5
版　　次：2019 年 12 月第 1 版
印　　次：2019 年 12 月第 1 次印刷
ISBN 978-7-5714-0594-6 /T · 1037

定　　价：68.00 元

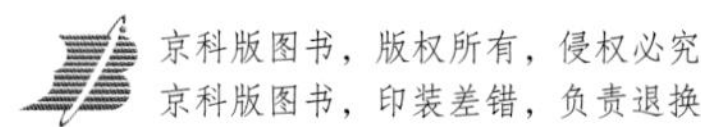

## Contents

## Part 2 跟着四季煮！把讨厌蔬菜变好吃 / 23

### 2-1 春季蔬菜 / 25

## 2-2 夏季蔬菜 / 59

# 作者序1

多年来的临床营养经验使我深刻体会到，成年人的疾病大多源于不健康的饮食习惯。人们总是身体出状况才来看诊，却忽略了饮食习惯是从小养成的。营养师除了在慢性疾病方面为大众做营养治疗外，也能为儿童提早做营养教育，它是教育也是预防医学的范畴。

我在大学读健康促进与卫生教育方向研究生时，学习了提早培养孩子饮食素养（Food Literacy）的观念。简单地说，就是先让孩子知道食物营养与身体健康的关系，以及如何选择与烹煮食物，并多元摄取营养，让孩子从小就接触食物，并训练其辨别选择的能力。此书特别选了最日常的食材种类——蔬菜做主线，因为它是很多父母喂养孩子时最常见的困扰，我常听到妈妈们说："营养师，我的孩子不爱吃蔬菜！""虽然蔬菜很健康但苦苦的，孩子就是不喜欢，怎么办？"为了让父母们开始进行营养教育时，能有方向和教育基础，我与 Mini Cook 从食育和营养的角度带着大家一起做，并提供了好吃又简易的食谱，让您与孩子有更多沟通方法。

"吃，就是生活！"轻松看本书并动手做菜，儿童饮食素养就是这样从日常生活中培养出来的！

荣新诊所 **李婉萍** **营养师**

# 作者序 2

当英国的杰米 · 奥利弗（Jamie Oliver）呼吁全世界应该重视孩子的饮食教育时，保育家珍 · 古德（Jane Goodall）也主张“食物就是力量，饮食可以改变世界”。当全世界都在关注饮食这件事时，Mini Cook 也想为孩子的饮食教育做点事，要有趣、轻松、好玩、有用、有想法，让爸爸妈妈们在家就能陪伴孩子接受饮食教育。

这本与李婉萍营养师合著的书，所要分享的是 Mini Cook 自成立以来，带着孩子一起做料理的课堂经验。比如，通过游戏及绘本中让孩子亲近食物，了解食物对身体的影响；让孩子在学会做饭之前，先认识每天要吃的食材是什么、长在哪里、有什么营养以及怎么挑选，又蕴藏着什么不一样的故事与文化。我们希望能带着孩子从产地到餐桌好好地走一次，让孩子和食物做朋友，增加对食物的好感，发现原来每种食物都是大自然最美好的馈赠，无论是酸、是苦、是甜，都是我们健康成长最好的伙伴。

我们相信，不挑食、爱上食物，就是饮食教育最好的开始。欢迎通过本书跟着我们一起来 cook & play，发现和家人的幸福互动，并体会珍惜一切的愉悦。

**Mini Cook 迷你酷食育工作室**

# Part 1

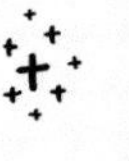

## 爸妈必看的
## 营养安排与挑食破解

孩子进入幼儿期后至上小学期间，是最适合为他们打好饮食基础的时期。但如何为孩子安排营养、遇到喂养难题又怎么解决，相信是许多爸妈的疑惑。让食育营养师告诉你怎样为孩子的健康打基础吧！

# 从幼儿期开始，带孩子循序吃的健康调配

每位家长都希望孩子能健康地长大，也知道要尽量给孩子均衡的饮食。“均衡”这两个字说起来简单，但在进行卫生教育或举办讲座时，许多家长在会后才恍然大悟：“原来平时让孩子少吃了好多种营养素！”现在我们就先来了解6大类食物怎么吃，如何通过适合的食材摄取最佳营养，以及从幼儿期开始带孩子循序吃的健康调配。

## 如何为孩子安排 6 大类食物

6 大类食物包括全谷根茎类、低脂乳品类、豆鱼肉蛋类、蔬菜类、水果类、油脂与坚果种子类。除了摄取食物，还有一项不可或缺，那就是充足的运动 + 摄取足够的水分，只有这样才能让营养素发挥作用。

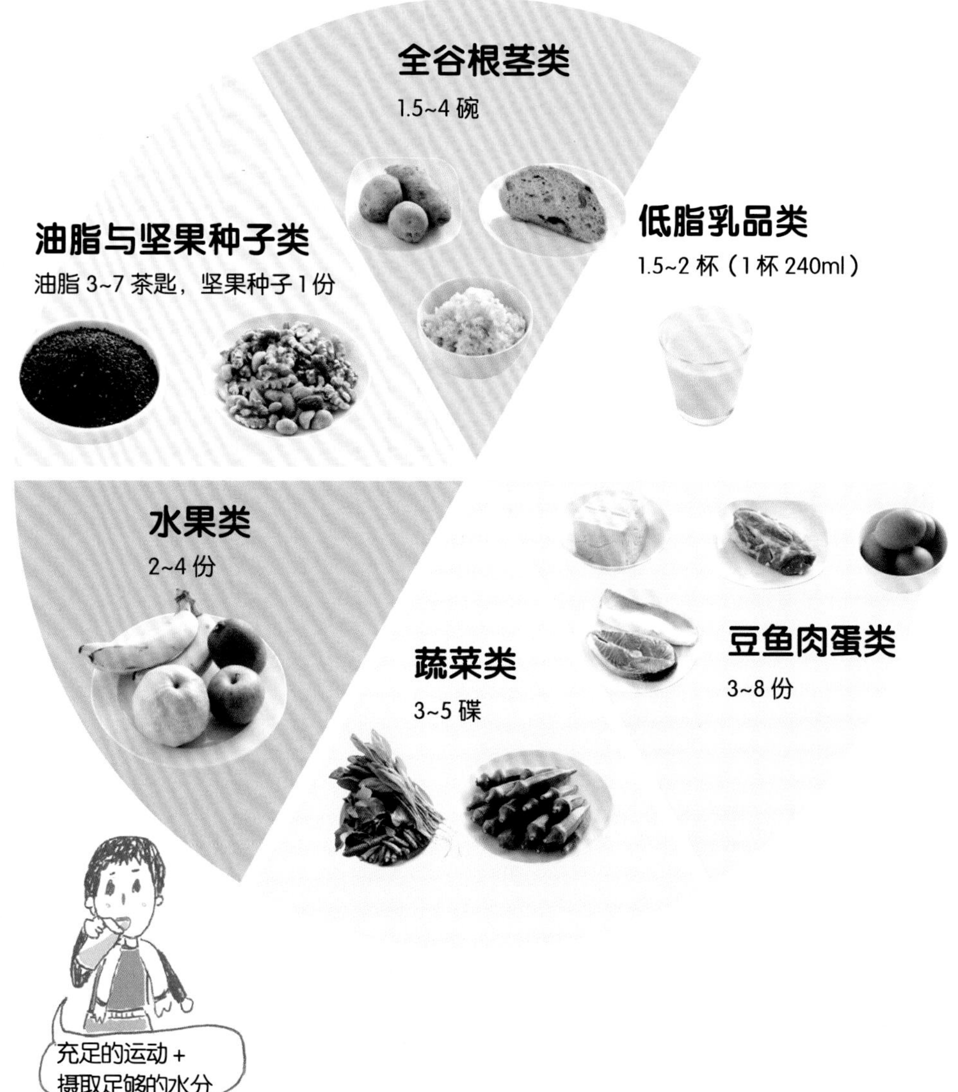

## 6 大类食物对孩子的重要性

| 食物类别 | 营养特点与功能 | 摄取过多的危害 | 摄取过少的危害 |
| --- | --- | --- | --- |
| 全谷根茎类 | 身体热量的主要来源 | 变胖 | 生长缓慢 |
| 低脂乳品类 | 富含钙质，能强健骨骼与牙齿 | 变胖 | 长不高 |
| 豆鱼肉蛋类 | 蛋白质丰富，能建造身体细胞及修补身体组织，以维持正常的新陈代谢、帮助孩子生长发育 | 性早熟 | 贫血 |
| 蔬菜类 | 维生素和矿物质的主要来源，且含有较多的纤维素，有助于维持人体正常的生理功能、促进食欲、帮助消化 | 相关生理功能紊乱，如摄入过少可导致便秘 | |
| 水果类 | 水分含量高，还含有维生素 C、胡萝卜素和大量生物活性物质，可增强抵抗力并加快伤口愈合速度 | 变胖、影响食欲 | 皮肤粗糙、牙龈易出血 |
| 油脂与坚果种子类 | 提供热量、必需脂肪酸、各种矿物质和 B 族维生素，保护内脏，协助脂溶性维生素吸收，维持身体正常的生理功能 | 上火 | 皮肤干燥、湿疹 |

## 全谷根茎类

“全谷”的定义是含有胚乳、胚芽和麸皮的完整谷粒，所以糙米、杂粮、干豆类都是最佳采买选项。全谷类食物除了富含碳水化合物、可提供孩子每日所需热量外，也是高钾食物，同时还含有B族维生素、维生素E、膳食纤维等营养素，能让孩子摄取更多元的营养。根茎类食物，如红薯、土豆、芋头、山药等，营养组成与全谷类食物相似，均富含碳水化合物和多种维生素，因此与全谷类食物归为一类。

全谷根茎类食物的选择顺序！

**全谷类**

糙米、胚芽米、稻米、紫米、藜麦、薏米、玉米、绿豆等。

**根茎类**

土豆、红薯、芋头、山药、菱角、牛蒡等。

**米食**

年糕、米粉、萝卜糕等。

**面食**

意大利面、米线、拉面、阳春面、油面、馒头、餐包、吐司、饺子皮、馄饨皮等。

**其他**

冬粉（以绿豆、荞麦粉为原料制成的粉丝状食物）。

**深加工制品**

粉圆（以木薯淀粉为主要原料制成）、苏打饼干、汤圆等。

**高油脂制品**

油条、烧饼。

## 低脂乳品类

乳类食物主要提供蛋白质、钙质和维生素 $B_2$。2 岁以下的孩子喝全脂牛奶比较好，而 2 岁以上的孩子建议喝低脂牛奶（因为现代饮食油脂摄取容易过量），但体重轻的孩子不受此限制。我们一直认为多喝牛奶=长高，其实长期摄取过多乳品（比如在正常饮食的情况下把牛奶当水喝），可能使体内磷酸含量过高，会抑制钙质的吸收、使胆固醇累积，孩子不一定能长高！所以，建议孩子 2 岁以后每日摄取低脂或全脂牛奶以不超过 500ml 为宜。除了奶类，搭配一些含钙丰富的蔬菜，对于成长期的孩子长高相当有帮助。也建议乳糖不耐受的孩子通过吃高钙蔬菜摄取钙质。

### 含钙丰富的蔬菜

南瓜、秋葵、萝卜、豌豆、黄瓜、卷心菜、洋葱、青椒、芹菜、西蓝花、花菜、番茄、芦笋、苋菜等。

以上蔬菜富含容易吸收的植物性钙，而且钙与草酸的比值较高，钙质更容易被吸收。平时除了每天吃高钙蔬菜以外，常晒太阳、多做户外活动也非常重要，因为维生素 D 能帮助小肠壁吸收钙质，进而强化骨骼、牙齿，促进生长！

## 豆鱼肉蛋类

豆鱼肉蛋类食物主要提供人体所需的蛋白质，能促进生长发育、构成和修补身体组织、调节生理机能。从营养学的角度来看，豆类、鱼类是优质蛋白质的重要来源，但是一般人们最常吃的是肉类。妈妈们在采买时不妨将豆类、鱼类比例增加一些，有助于从小保护孩子的心血管、避免饱和脂肪与胆固醇过高。若有心血管疾病家族史，更要特别留意。以下分别针对这 4 类进行说明。

**豆类**

包括黄豆、黑豆、豆浆、豆腐等，以上都是优质蛋白质的来源。豆腐丝、豆腐皮是一般选项，而油豆腐、腐竹最好只是偶尔吃。豆类中的蛋白质可与肉类中的蛋白质媲美，也就是说多吃豆腐也能长肉长壮。如果家中是素食烹调，建议成长期的孩子多吃优质的、非转基因豆类做成的豆腐。

**鱼类**

主要提供人体所需的蛋白质，其所含有的必需脂肪酸——ALA、EPA、DHA 能减轻人体的炎症反应和过敏反应，更能促进脑部神经细胞生长。建议购买鲭鱼、秋刀鱼、鲑鱼、香鱼等。另外，基于海洋生态永续的环保观念，鼓励家长们买养殖鱼，例如鲷鱼、鲈鱼等，搭配其他海鲜做成美味料理。大型深海鱼 1 周吃 1 次即可。

**肉类**

一般人经常摄取肉类，甚至摄取过量，或吃加工过的肉制品（培根、火腿、香肠等）。以下食物热量供妈妈们购买时参考。如果家中孩子体重超标，采买时可按下表做替换，同时多买生鲜肉品取代加工肉制品。

| 每 100g 牛肉热量 | 每 100g 鸡肉热量 | 每 100g 猪肉热量 |
|---|---|---|
| 沙朗牛排 / 162 kcal | 去皮鸡胸肉 / 117 kcal | 猪小里脊 / 139 kcal |
| 菲力牛排 / 184 kcal | 鸡腿 / 149 kcal | 猪肝连 / 199 kcal |
| 牛腩条 / 225 kcal | 去皮去骨鸡腿 / 147 kcal | 梅花肉 / 206 kcal |
| 牛小排 / 324 kcal | 带皮鸡胸肉 / 218 kcal | 胛心肉 / 294 kcal |
| 牛五花火锅肉片 / 439 kcal | 翅中 / 228 kcal | 去皮五花肉 / 360 kcal |

蛋类

蛋白主要含有蛋白质，其余营养素（卵磷脂、维生素 A、维生素 D、维生素 E、铁质）都在蛋黄里。1 个蛋黄的胆固醇含量为 200~250mg，一天可吃 1~2 个鸡蛋，适度摄取胆固醇，有助于儿童大脑发育。

## 蔬菜类

主要提供维生素、矿物质和膳食纤维，能维持孩子的肠道健康，还能减轻身体的炎症反应、减少慢性疾病（如糖尿病、高血压）的发生。近几年，大肠癌及糖尿病患者日趋低龄化，我在门诊常见到 30 岁的糖尿病患者，其中大部分是因为外食多造成营养不均衡、活动量少、蔬菜普遍摄取不足、精制米面和肉类却吃得太多的缘故。

### 孩子每天的蔬菜摄入量

一般来说，每日应吃 5 份蔬菜 + 水果（1 份以孩子的拳头大小为基准，以煮熟的蔬菜为计量参考）。原则上，蔬菜摄取量应大于水果摄取量，但如果孩子不爱吃蔬菜，可改为水果摄取量大于蔬菜摄取量。因为儿童饮食习惯的培养不在一时，让孩子从小快乐地吃健康的食物更重要。

很多孩子讨厌吃蔬菜或对蔬菜挑三拣四，是因为缺乏吃蔬菜的饮食经验。如果从辅食阶段至幼儿时期，就让孩子接触各种蔬菜，除了有利于维护孩子的身体健康、孩子的体重不易超标之外，还可以帮助孩子拓展饮食经验、避免挑食。此外，在现今沉迷 3 C[1] 的时代，孩子的眼睛常受到蓝光的刺激，蓝光对孩子尚在发育中的眼睛伤害很大。建议多补充含有叶黄素、玉米黄素的蔬菜，以抵抗蓝光及紫外线，保护孩子的视力。

1　3C 指电脑（Computer）、通讯（Communication）及消费类电子产品（Consumer-Electronics），亦称“信息家电”。

## 能抵抗蓝光、保护眼睛的蔬菜

富含叶黄素的蔬菜：深绿色叶菜类，如菠菜、芥蓝、红薯叶等。
富含玉米黄素的蔬菜：玉米笋、南瓜、金针菇等。

蔬菜比比看——营养素排行榜（按每100g计算）

| 名次 | 高纤维 | 高铁质 | 高锌 | 高叶酸 |
| --- | --- | --- | --- | --- |
| Top1 | 荷兰豆 | 水芹菜 | 毛豆 | 鸡毛菜 |
| Top2 | 抱子甘蓝 | 绿苋菜 | 蚕豆 | 芦笋 |
| Top3 | 甜菜根 | 豌豆苗 | 芥蓝 | 奶白菜 |

| 食物名称（每杯份量250ml） | 叶黄素+玉米黄素(μg) |
| --- | --- |
| 煮熟的芥菜 | 14560 |
| 煮熟的红薯叶 | 7327 |
| 煮熟的南瓜 | 2484 |

比起其他食物，蔬菜的颜色多样又鲜艳，下页表格介绍的是各种颜色的蔬菜对应的营养素，让妈妈们在采买、烹调时，能有多项选择丰富每天的餐盘，进而从视觉上引起孩子的食欲。和孩子一起多吃各种应季蔬菜，再搭配全谷类食物，就能帮助肠道培养有益菌，长期累积的效果好于要价不菲的益生菌哦！

## 多彩蔬菜所对应的孩子所需营养素

| 颜色 | 蔬菜 | 营养素 | 益处 |
| --- | --- | --- | --- |
| **红色** | 红甜椒、番茄 | 茄红素 | 利于泌尿系统、心脏、胰脏及血糖健康 |
| **橙色<br>黄色** | 南瓜、玉米笋 | β-胡萝卜素 | 提升免疫力，保护眼睛，避免烂嘴角 |
| **绿色** | 西蓝花、红薯叶、菠菜、芦笋、青椒、小黄瓜、青豆、芹菜、芥蓝 | 维生素 C<br>叶酸<br>钙 | 强健骨骼与牙齿，帮助肠道顺利排便 |
| **紫色** | 茄子 | 花青素 | 保护血管、肾脏健康 |
| **白色** | 洋葱、大蒜、韭黄、银耳、菇类、花菜、卷心菜 | 硫化合物<br>槲皮素<br>大蒜素 | 利于呼吸道（鼻子、肺）和胃部的健康，帮助肝脏解毒 |

注：每种蔬菜所含营养素众多，以上仅列出重点营养素。

### 水果类

主要提供维生素、矿物质和膳食纤维，能够保护人体肠道健康。3 岁以上的儿童，每日摄取量为 2 份，每 1 份约 1 个饭碗八成满的量。需要注意的是，水果糖分较多，甜味明显的水果摄取应适量。此外，尽可能给孩子交替提供不同种类以及不同颜色的水果。

## 油脂及坚果类

此类食物主要起润滑、保护细胞的作用，使皮肤湿润，避免脏器受到撞击；此外还能协助人体维持体温、稳定细胞膜，并有助于脂溶性的维生素 A、维生素 D、维生素 E、维生素 K 的吸收。对现代饮食来说，摄取油脂并不难，摄取优质油脂才是关键。建议摄取橄榄油、亚麻籽油、苦茶油等种子油，或每日吃约 28g 坚果（大约是 14 颗核桃 =18 颗腰果 =24 颗杏仁 =35 颗花生的量），取代 15ml 油脂。如果能接受椰子的味道，椰子油也是不错的选择。

皮肤易干燥或容易便秘的孩子，适度增加优质油脂的摄取量，有助于润肤润肠。加工类肉制品或奶精以及饼干内的棕榈油等都不是好油脂。

了解 6 大类食物后，爸爸妈妈们对食物有基础概念了吗？希望借助与营养相关的预防医学，让爸爸妈妈们自己和孩子具备选择食物的能力。饮食素养其实可以从孕期就开始培养，再延伸到辅食期、幼儿期、儿童期。

### 食材摄取顺序很重要

12 岁以下的孩子每餐应按照全谷根茎类→豆鱼肉蛋类→蔬菜类，这样的顺序摄取食材。成长中的孩子活动量大，需要足够的热量，特别建议选择红薯、南瓜等食物，能同时摄取维生素、矿物质和膳食纤维。但如果孩子体重超标，饮食顺序则应改为蔬菜类→全谷根茎类→豆鱼肉蛋类为宜。

吃蔬菜除了如前所述，能早些减少孩子的挑食行为之外，亦与孩子的口腔发育、咀嚼能力训练有关，口腔发育和咀嚼能力欠佳会影响日后的语言发展。足量摄取蔬菜中的营养素，能减少家族遗传性疾病的患病机会。及早培养吃足量蔬菜的习惯，是为孩子的将来储存健康的本钱哦。

# 挑食破解，决定孩子饮食习惯的关键

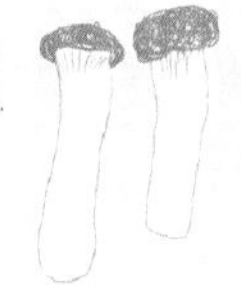

有时孩子不吃某些食物，家长就认为是挑食。你是否想过，有时候孩子是因为完全没有接触过某些食物而导致不敢尝试呢。我们先来了解什么是挑食、偏食和食物恐新症，以及相应的饮食对策吧。

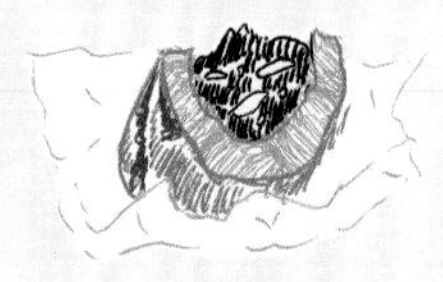

## 挑食与食物恐新症不一样

### ❶ 挑食与偏食的定义

一两种特定食物不吃但还能接受 6 大类食物，属于轻度挑食，只要变化烹调方式就有可能尝试，持续尝试就会慢慢改变挑食，不会立即影响孩子的营养、健康与情绪或社交关系。而中度挑食是完全拒绝某一类食物，对这类食物会有恐惧反应，也就是偏食。此状况需要医护人员的介入，因为有潜在的导致孩子营养不良的可能。

面对孩子挑食，你是哪一种父母?

| 强烈控制型<br>孩子不吃某些食物，你非要他吃完不可 | 过度反应型<br>孩子生长状况正常，但你总觉得孩子吃得不够多，常要孩子多吃一点儿，有时甚至是强迫喂养 |
|---|---|
| 放纵型<br>孩子不吃某些食物，爸妈觉得等孩子吃完很麻烦或不知如何处理，就放任他们不吃 | 漠视型<br>对于孩子吃什么并不关心，孩子想吃什么就吃什么，或是没有时间关心孩子的日常饮食 |

### ❷食物恐新症的定义

对于新的食物或不熟悉的食物会害怕，不敢、不肯尝试。

## 有些孩子的挑食，其实与爸妈有关

如果爸爸妈妈不吃某些食物，孩子就没有接触这些食物的机会，这其实是非常可惜的。又或者爸爸妈妈对孩子挑食、偏食的处理方式，让孩子对食物留下了不好的印象，使孩子不肯再次尝试。短期来看或许不会造成困扰，但长期如此对健康的影响极其深远。

如果爸爸妈妈面对孩子挑食，是前一页表格中列出的其中一种类型，除了会使孩子的挑食状况更严重，久而久之也会让他们对吃饭失去兴趣，长大后难以好好管理自己的健康。如果爸爸妈妈能从建立良好的用餐经验着手，从幼儿期培养孩子的饮食素养，让吃饭变成一件愉悦享受的事，让孩子从“常常吃”到“习惯吃”，再到“喜欢吃”，循环渐进，挑食状况就会慢慢减少。

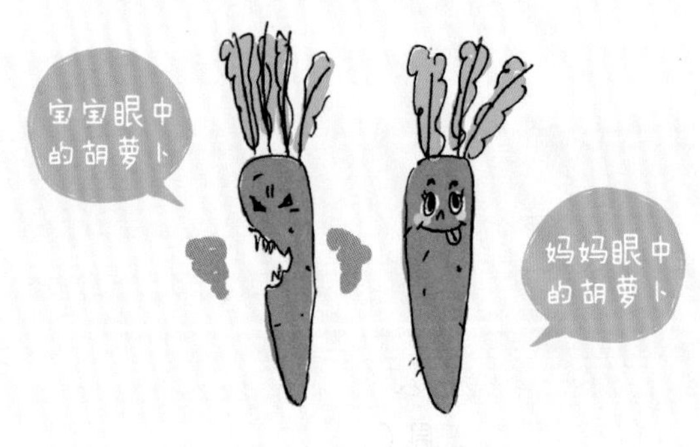


## 减少挑食的饮食对策

### ❶ 用五感食趣改善挑食

如果孩子不吃某种食物，可以从触觉、嗅觉、味觉、视觉、听觉这 5 种感觉入手，引导孩子尝试，改变他们对特定食物的感受。

**改变蔬菜口感的好方法！**

软烂代表举例：
丝瓜（与同类食材一起煮成羹汤或米线，大火快炒）、茄子（清炸或焗烤）。

黏液代表举例：
秋葵（做成蒸蛋、果冻）、山药（煮成熟食、与黄豆一起打成浆、与肉类一起炒食）。

纤维明显代表举例：
芹菜、芥菜（切碎或切得适合咀嚼）。

## 改变蔬菜味道的好方法！

### 吃起来很苦的蔬菜：

**苦瓜**→切薄片、拌酱烹调（带甜味或酸味，比如用梅子酱或梅子粉）。

**莴苣**→稍微汆烫、拌酱烹调（带甜味）。

**茼蒿**→拌酱烹调（带甜味）、和滑蛋一起煮。

**大芥菜**→稍微汆烫再烹调、切成细丝。

**西蓝花**→打成泥做浓汤、加奶酪做焗烤。

**没煮熟的白萝卜**→腌渍（带甜味，或用味噌腌一下）。

### 吃起来有生味或土味的蔬菜：

**胡萝卜**→和水果一起打成汁、打成汁加入面食中（面条、饺子皮等）或和饭一起煮、打成泥做浓汤。

**甜菜根**→和水果一起打成汁、打成汁加入面食中（面条、饺子皮等）。

**青椒**→切碎做成沙拉、打成泥做浓汤、做成焗饭或炖饭、与肉馅一起做料理（炒肉丝或塞入肉馅）。

**香菇**→加奶酪做焗烤、切碎与肉馅一起做料理。

**豆类**→打成泥做浓汤、做成焗饭或炖饭、和孩子喜欢的酱一起煮（番茄肉酱、奶酪白酱等）。

### 吃起来有辣味的蔬菜：

**洋葱**→用冰水浸后再烹调、稍微汆烫、拌酱烹调（带甜味）、与有甜味的食材一起煮、与肉类一起快炒或做炖煮料理。

**葱、姜、蒜**→切碎与其他食材一起煮、挑选比较嫩的葱、姜、蒜（辣味较不明显）。

**韭菜**→切碎与其他食材一起煮、包成饺子。

**触觉：**与孩子的口腔功能发育有关，可能口感太硬不好咬、太软烂没有嚼劲儿、觉得黏糊糊的很恶心、太冰或太烫等，这时我们就改变蔬菜原有的质地和口感，比如加入别的食材、煮软一点儿、煎得脆脆香香的，调整为适合孩子的软硬度及温度。

**嗅觉：**有的蔬菜气味比较重，可以加些香料或烹调前做处理，减少食材原有的味道，比如先将洋葱浸入冰水中减少辛辣味，或炖煮只留下甜味。

**味觉：**人类天生喜欢甜味，不爱苦味，随着年龄增长才会慢慢改变。较不受孩子欢迎的味道包括：辣味（洋葱、葱姜蒜、韭菜等）、生味（胡萝卜、青椒、香菇等）、苦味（苦瓜、莴苣、大芥菜、西蓝花、没煮熟的白萝卜等）。可以把食材切细切碎或刨丝，让味道不那么明显，或加入孩子爱吃的食材一起烹调。

**视觉：**常见的有两种情况，一种是讨厌食物本来的样子，第二种是做好的食物模样不讨喜或烹调方式总是一样。由于人们常习惯依据食物的颜色、形状决定吃不吃，所以可以从调配色彩（搭配多种颜色的食材或淋上酱汁）、改变形状（变换切法或用模具）、搭配可爱餐具等方面增加视觉刺激，进而增强食欲。

**听觉：**不知道爸爸妈妈们是否注意到外面的餐厅大多都会放音乐，因为音乐会影响吃饭速度和用餐感受。建议在家吃饭时，减少令人分心的电视声和在餐桌上唠叨或骂孩子的行为，为孩子营造适合进食、有益消化、愉悦的饮食环境。

**❷ 用同类食物替换**

如果孩子不吃某一种食物，家长做了许多努力也不行，可以考虑用同类食物替换孩子不喜欢的食物，也可摄取到一定程度的同类营养。

**❸ 用同色食物替换**

同色蔬菜有相近的营养，比如，如果孩子不喜欢吃小黄瓜，或许换成别的绿色瓜类或其他绿色蔬菜，孩子就能接受。先从同类同色蔬菜开始试，如果没有，也可改为不同类但同色的蔬菜。

### ❹ 可能对特定食物过敏或有不良反应

有时候，孩子可能吃特定食物会感觉不舒服，例如胀气、起疹子等。建议爸爸妈妈多观察孩子用餐前后的状况，以辨别孩子的反应是食物不耐受还是急性或慢性过敏。

## 给孩子时间，才能改善挑食

可以通过 3 个阶段，让有食物恐新症的孩子慢慢适应食物。给孩子一点儿时间，配合讲故事、看绘本、做教具等方式，开启孩子接受食物的可能性，不让恐新症变成挑食。

### 阶段 1 常常吃

如果孩子因为没有吃过某种食物而抗拒，这是很正常的。也可能是因为孩子当天食欲不佳、心情不好，这些因素都会影响孩子对食物的接受度。对于不习惯的食物，可以隔 1 周试 1 次，每次用不同方法烹调，找到孩子可接受的烹调方式；或让孩子一起做饭，孩子对于自己做的食物大多会愿意吃！也可让孩子在阳台上种蔬菜，采收自己种的蔬菜，一起商量怎么煮，食育经验就更完整了。

### 阶段 2 习惯吃

常在家做菜的爸爸妈妈，不妨用前面提到的五感食趣多尝试。有国外研究指出，孩子平均尝试 15 次才能接受一种新食物（也有试到第 30 次成功的个案）。当然，每个孩子的接受速度不尽相同，但无论怎样，给孩子机会适应是很重要的。

### 阶段 3 喜欢吃

通过以上两个阶段，或许有一天孩子就会喜欢上某种以前不接受的食物。以此为目标，不给彼此压力慢慢尝试吧！

# 幼儿饮食困扰

**Q：孩子食量小，会营养不良、影响发育吗？**

A：每个孩子的食量不同，如果孩子活动量充足、能好好用餐、食欲也不错，就不一定非得吃多少量，不一定食量小就影响发育。另外，有时吃得少是因为孩子本身对于食物欲求不大，孩子只要没有过度挑食、偏食就没问题，不需要强迫孩子吃，只要注意以下几点：❶ 每日是否摄取了 6 大类食物以及各种颜色的食物；❷ 每日食材选择至少要超过 10 种。另外，有时变化烹调方式，甚至换人烹调，也有可能增强孩子的食欲。

**Q：孩子每餐吃的量很多，怕他以后过胖……**

A：可以把食材做切割并增加低热量的蔬菜，比如把一大块排骨换成肉丝，和蔬菜一起炒，这样孩子既能吃到肉，又能避免热量和脂肪摄入超标。另外，太下饭的菜应适度减少，避免孩子吃得过多。如果体重超标的孩子每次吃完饭后仍说没吃饱，建议让他休息 20 分钟再决定要不要继续吃，因为有些人的饱足讯息传达至脑部的速度比较慢。

**Q：孩子常感冒、便秘，如何通过饮食改善呢？**

A：多吃蔬菜是预防孩子感冒、便秘的好方法之一，因为蔬菜里的维生素 A、维生素 C、维生素 E 都有助于提升人体免疫力，例如维生素 A 能修护鼻腔黏膜等。经常便秘的孩子，除了多吃蔬菜还要多喝水，才能让排便更顺畅。

# Mini Cook 老师 教你带孩子亲近蔬菜

蔬菜真的那么令人讨厌吗？在吃蔬菜之前，有很多方式可以帮助孩子认识蔬菜。Mini Cook 老师将分享食育方法，教你如何激发孩子对蔬菜的兴趣。

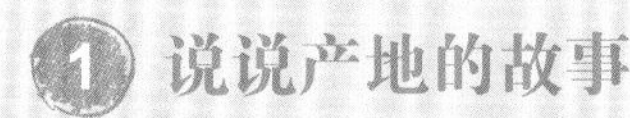

## Mini Story 食话食说 1 说说产地的故事

“妈妈，为什么玉米叫‘玉米’呢？”经常可以听到孩子提出这样的问题。其实每种食材都有自己的小故事与相关的饮食文化，不仅是名称的来源，还有起源以及引入历史等。通过读绘本、听故事、访产地，帮助孩子认识蔬菜。在故事互动的过程中，多鼓励孩子提问更是不可或缺的方法。

Mini Friends 好朋友点点名

## 2 认识蔬菜家族

每种蔬菜都有不同的品种，比如萝卜、南瓜就有好多品种。有些品种是天然的，有些则是改良的，其口感、外型都会有些许不同，适合制作的料理也不同。通过“好朋友点点名”游戏，让孩子认识蔬菜的好朋友有哪些，外表又有哪些不同，可加深孩子对蔬菜的印象。

Mini Recipe“日尝”好“食光”

## 3 一起做厨事游戏

教育家杜威提倡的“做中学”，是指孩子能通过直接体验获得学习价值。当孩子对特定食物有排斥的情况时，不妨带着孩子一起做料理。先做好事前准备，然后让孩子进行简单的操作。孩子会因为自己参与制作而愿意尝试吃，慢慢地就会接受原先不喜欢的食物了！

Mini Choice 鲜味手帖

## 一起去市场

想去菜市场买些食材，但却不知道怎么挑选；买回家后，又不知道该怎么保存。爸爸妈妈们不妨抽空带孩子一起去市场买菜，就像玩寻宝游戏一样，让孩子亲眼看、动手摸食材，或鼓励孩子猜蔬菜的名字，再一起挑选各种蔬菜回家做！这本书还要教大家如何保存蔬菜。

Mini Food 料理小“煮”厨

## 变化蔬菜的烹调方式

孩子挑食，除了对食材不熟悉外，食材的气味、口感甚至形状都可能被孩子排斥。其实只要用些小小的技巧，就能改变孩子对食材的态度！本书中的食谱，特别增加了如何变换烹调方式的内容，例如改变口感、混搭其他食材、做成好入口的点心等，让蔬菜料理不再一成不变。

Mini Plant 快乐小农夫

## 6 种植物写日记

食育也包括农事教育，让孩子了解所吃的每一口食物都是经过时间、人力种植而成的，懂得珍惜食物不浪费。可以在家里种植一些简易的作物，如豆芽类等，借此让孩子了解食物的生长，学会细心呵护，从而更加珍惜食物！

Mini Book 故事小花园

## 7 读故事

从小养成阅读习惯，除了可提高孩子的专注力外，还能让孩子进入故事情境中，既能激发想象力，更能增加见识。通过蔬菜主题的绘本故事，为孩子开启一段有趣的旅程，跟着蔬菜去冒险。爸爸妈妈们可以通过活泼生动的图画及讲解，提升孩子对蔬菜的好感度！

Mini Game 游戏总动员

## 8 用食材设计游戏

玩游戏是孩子的天性，在欢乐气氛下的学习可以增加孩子对食材的喜爱度！爸爸妈妈们只要发挥想象力，把食材跟好玩的游戏相结合，例如可以加入数学、艺术、科学等不同领域的知识，就可以丰富孩子的学习经验！

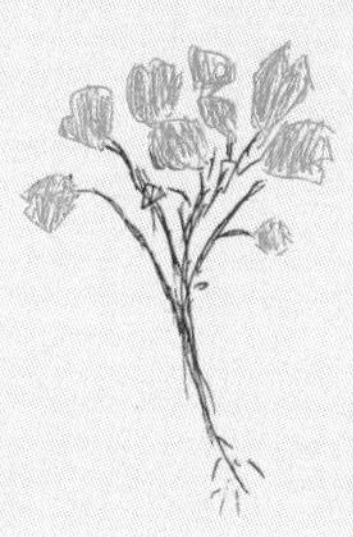

# 跟着四季煮！
# 把讨厌蔬菜变好吃

用四季时蔬为孩子做几道能让食欲大开的蔬菜料理与点心吧！此篇章还整理了给幼儿和学龄前儿童读的营养知识和带孩子认识蔬菜的食育教养心法。

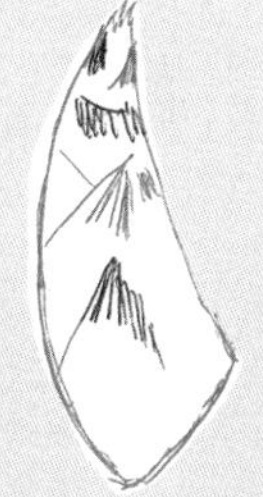

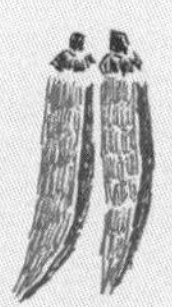

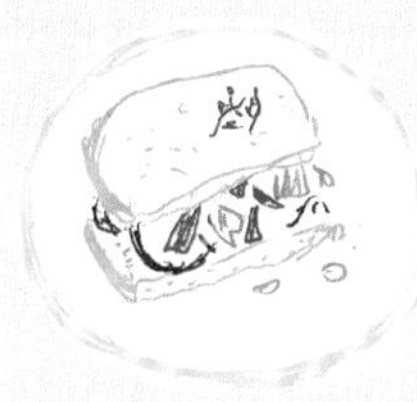

# 2-1

# 春季蔬菜

# 菠菜

大力水手的能量蔬菜

营养特点

## 叶酸丰富，可预防贫血、促进大脑发育

和我同龄的妈妈，听到菠菜应该都会想到吃了菠菜就能打遍天下无敌手的卡通人物——大力水手波比！的确，菠菜含有钙、钾、镁、铁、β-胡萝卜素和叶黄素，是营养价值非常高的一种蔬菜。菠菜还含有丰富的叶酸。叶酸与细胞分化成熟有关，特别是对红细胞的生成和成熟、婴幼儿神经细胞和脑细胞的发育有重要的促进作用。若叶酸摄取不足，会造成巨幼红细胞性贫血和白细胞减少症，影响孩子的正常发育。

变好吃！
做成菠菜面消除涩味
食谱请见 P.28

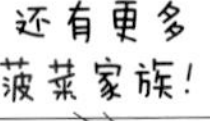

还有更多菠菜家族！

**梨山菠菜**

台湾梨山的菠菜品种，由于生长在高山上，以轮作式配合田地覆盖，虫害较少。

**南部菠菜**

比小菠菜和一般菠菜的叶片大些。

盛产季　春初秋末

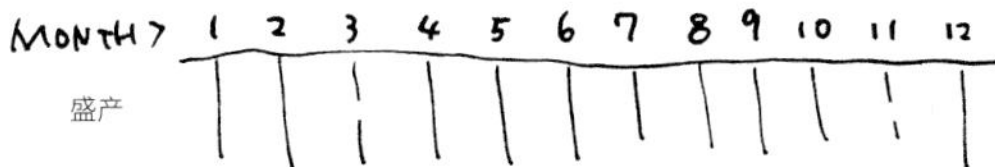


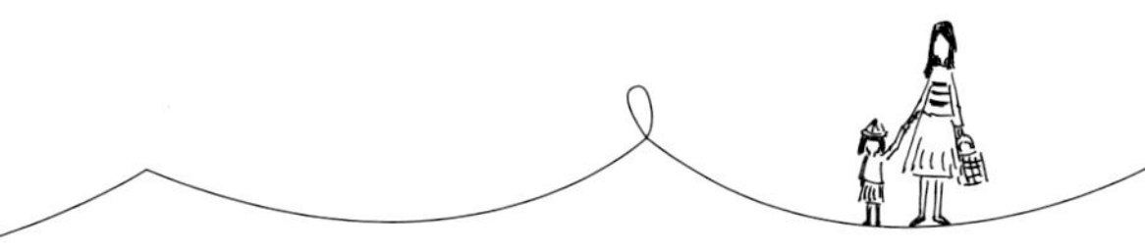

营养升级

## 快速油炒以利于叶酸释放

用油快速翻炒菠菜，可促进叶酸释放，有利于人体吸收；而用水煮菠菜，叶酸则较易流失。下页食谱中的松子、油脂，可使β-胡萝卜素转换成维生素A，搭配鸡肉中的蛋白质，让铁质更易被吸收。另外，也可以试试用麻油炒菠菜和鸡蛋。麻油有种特殊的香味，可以刺激嗅觉与食欲，可减少食盐的使用，而油脂能促进营养素吸收，健康又营养。

**小菠菜**

口感比一般菠菜细嫩且香气足，做沙拉生吃居多，但小孩子不适合生吃。

mini COOK

带孩子了解蔬菜！

**菠菜根部最有营养价值**

菠菜有许多别称，如菠蓤菜、飞龙菜，还有传说中的和乾隆皇帝有关的“红嘴绿鹦哥”。选购菠菜时，可挑选颜色深绿、植株完整、叶片厚实、不黄不腐烂且根部呈现鲜红色的。买回家后，建议先将根部洗净擦干（保留根部是因为根部是菠菜最有营养的部分！如果觉得根部纤维粗，不易食用，可切细一点儿再烹调，也可用刀子刮去根部表皮），用报纸包起来，以根部朝下的方式立在冰箱门内侧冷藏保存，保鲜期相对较长。

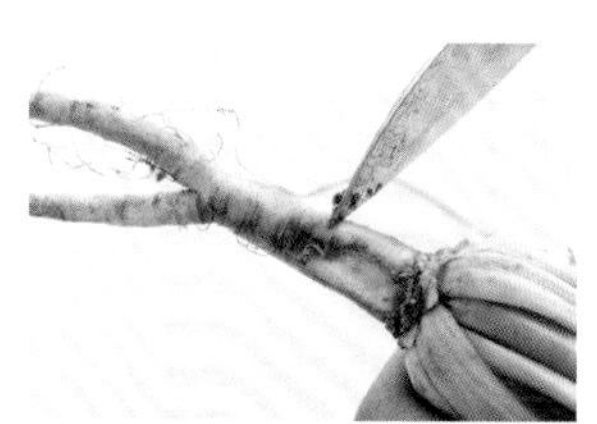

**小孩食用注意**

菠菜含有草酸，会影响钙、铁等营养素吸收。若施肥过多，菠菜易产生硝酸盐，而硝酸盐摄取过多容易代谢成亚硝酸盐，和血红蛋白结合之后会降低血红蛋白的携氧功能，造成婴儿因全身缺氧而出现皮肤呈蓝紫色的情况（紫绀）。水焯可以去除部分草酸和亚硝酸盐。所以，如果担心菠菜中的草酸和亚硝酸盐含量过高，用水焯一下趁新鲜吃掉就可以放心享受美味了。

Recipe

做成菠菜面消除涩味

# 松子鸡肉菠菜炒面

### 食材

**[ 菠菜面条 ]**
中筋面粉 250g
全麦面粉 50g
菠菜 120g
盐 1 小匙

**[ 炒面 ]**
菠菜面条
松子 2 大匙（用干锅小火炒 1 分钟）
胡萝卜 ½ 根
盐 ½ 小匙
酱油 1 大匙
糖 ½ 小匙
植物油 1 大匙

**[ 鸡胸肉腌料 ]**
鸡胸肉 50g
酱油 ½ 大匙
米酒 ½ 大匙
盐 ½ 小匙
玉米淀粉 ½ 小匙

### 前置作业

1. 将菠菜和凉开水放入果汁机中，搅打成菠菜汁，过滤。
2. 在钢盆中加入中筋面粉、全麦面粉和盐，分次加入适量菠菜汁，将面粉揉成表面光滑的面团。
3. 将面团盖上湿布静置 30 分钟。
4. 在面板上撒少许面粉，将面团放到面板上擀平，切成粗细适中的面条。

### 做法

1. 将鸡胸肉切成小块，用酱油、米酒、盐和玉米淀粉腌渍 10 分钟。
2. 炒锅加热，用 1 大匙油炒熟腌好的鸡胸肉，取出备用。
3. 将胡萝卜洗净切丝，倒入加了油的平底锅中炒软，再加入盐、酱油、糖和水煮沸。
4. 加入菠菜面条和炒熟的鸡胸肉，煮至汤汁充分吸收后起锅，然后撒上松子。

## 将蔬菜打成汁，自制好玩好吃的面料理

炒菠菜会有一点儿涩涩的味道，如果孩子不喜欢，不如将菠菜打成汁，和面粉一起揉成面团，再做成面条、面点吧！做面的过程也让孩子一起参与，用天然食材把面粉染上漂亮的绿色，下锅煮熟之后颜色又发生变化——烹调过程会让孩子有许多新发现。

# 豆瓣菜

十字花科增强免疫力

营养特点

## 含钙多，可促进生长发育

豆瓣菜又叫水茼蒿、西洋菜，属于十字花科，是一种水生蔬菜。含有丰富的维生素 C、胡萝卜素和硒，能促进孩子的视觉发育、有效增强孩子的免疫力。此外，它还含有较多钙质，对于成长期孩子的骨骼及牙齿发育，都有帮助。豆瓣菜的花和籽含有芥子油，芥子油具有消炎抗菌的功效，适量摄取对孩子健康有益。

变好吃！

做成青酱消除苦味

食谱请见 P.32

**如何轻松清洗水芹菜？**

很多妈妈觉得豆瓣菜不好洗，因此很少买。其实豆瓣菜不需要一叶一叶地清洗，建议先用清水冲一冲，冲洗之后将其泡入温水中，10 分钟之后将水倒掉，再用温水泡约 10 分钟，最后用清水再冲一冲即可。如此就能洗掉残留的农药，也可以将菜叶间的泥沙洗净。

盛产季　春、夏、秋（每年3~9月）

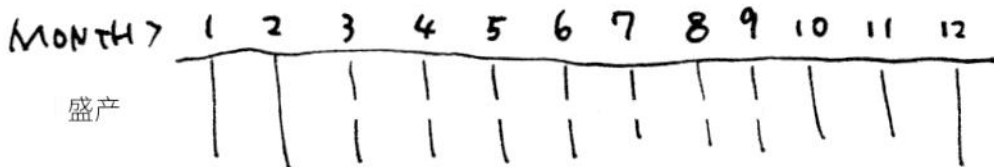


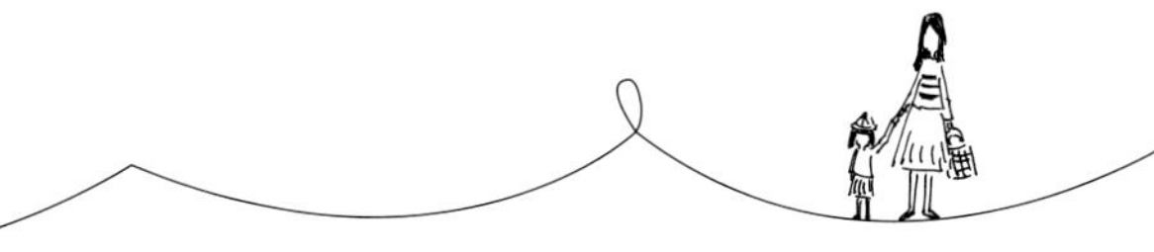

营养升级

## 加入坚果让营养更多元

豆瓣菜最常见的料理方式是煮汤，但由于有一些苦味，有些孩子可能不太喜欢。建议将豆瓣菜和松子或其他坚果、奶酪等食材一起搅打，做成有别于一般罗勒口味的青酱，浇在意大利面上，一方面减少菜的苦味，让孩子愿意接受；另一方面，也让孩子能摄取更多样的营养素。

mini COOK

带孩子了解蔬菜！

**豆瓣菜是原住民的药用植物**

原产于欧洲的豆瓣菜，在19世纪末就已经被引进到台湾。由于需水性强，主要生长在宜兰、花东等地的溪流沿岸及灌溉沟渠中，被阿美族称为水菜，在花莲的野菜市场很常见，水田芥、西洋菜也都是它的名字。选购时，以叶片翠绿且茎部较粗、较短的为佳。用纸袋装起来放入冰箱冷藏，可放置3~5天。

Recipe

做成清爽青酱消除苦味

# 翡翠松子意大利面

食材

意大利面 200g
豆瓣菜 100g
蒜末 1 大匙
橄榄油 4 大匙
帕马森奶酪 30g
松子 1 小匙
柠檬汁 1 大匙
砂糖 1 大匙

做法

1. 根据意大利面的外包装指示，先用水煮意大利面，并沥去水分。
2. 将豆瓣菜、蒜末、橄榄油、柠檬汁、½ 量的松子、½ 量的奶酪和砂糖倒入食物料理机中搅打均匀。
3. 在煮好的意大利面中加入**做法 2** 的酱料，再加 1 大匙煮面水，搅拌均匀。
4. 将剩下的奶酪与松子撒在**做法 3** 的意大利面上。

## 用青酱减少豆瓣菜的苦味

豆瓣菜是一种营养价值很高的水生植物，广东人会把它放入汤里，让它成为煲汤的重要原料，西方人则喜欢用它做沙拉。但对于年龄较小的孩子来说，豆瓣菜的微苦味并不是很好入口。我们将豆瓣菜做成清爽版青酱，加入小朋友最喜欢吃的意大利面中，营养不减，却让孩子能够及早尝试享用这种好蔬菜。

# 韭菜

提高免疫力促进发育

营养特点

## 富含促进生长发育的多种营养素

说到韭菜，人们首先想到的可能是富含膳食纤维，可以改善便秘、预防肠癌。其实，韭菜的营养价值远不止这一点。每 100g 韭菜含有 1596μg 胡萝卜素、61.2μg 叶酸和 0.2mg 维生素 $B_6$，钾和钙的含量也比较多，对孩子的生长发育和免疫功能有明显的促进作用。维生素 $B_6$ 参与所有氨基酸的代谢，并对维持神经系统功能有重要作用。此外，韭菜中有硫化合物，能杀菌、抗氧化和提高食欲。俗话说："正月葱、二月韭"，就是指农历二月的韭菜正合时令、美味营养，盛产季不妨多吃。

变好吃！
做成开胃菜改善口感
食谱请见 P.36

还有更多韭菜家族！

**韭菜花**

韭菜的花苔，含苞待放之时味道最佳、最好吃，花开之后质地会变粗。

盛产季　春季

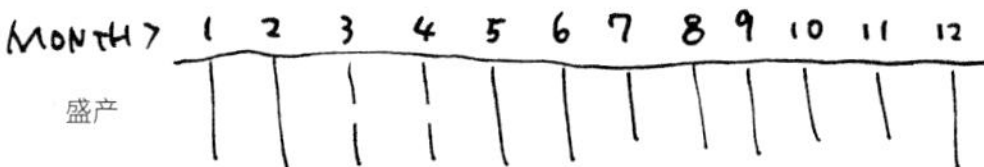


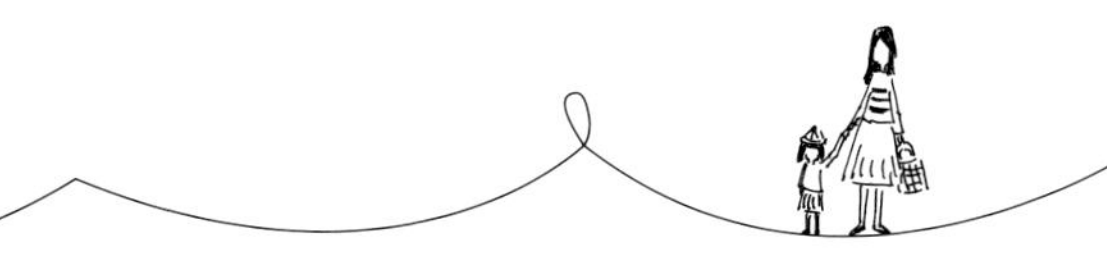

营养升级

## 加蛋烹调有助大脑发育

许多孩子不喜欢韭菜的特殊气味（能调节自主神经），却很喜欢软绵滑顺的土豆泥，妈妈们可将两者一起烹调，并用乳制品的香味遮盖韭菜的味道。或用切碎的韭菜炒鸡蛋，加蛋烹调是因为蛋黄含有卵磷脂，有利于孩子的大脑发育，提升孩子的专注力与记忆力。

mini COOK

带孩子了解蔬菜！

**韭菜家族——韭黄、韭菜花**

绿油油的韭菜、浅黄色的韭黄、圆润饱满的韭菜花，它们究竟有什么不一样？其实韭黄就是没晒到太阳的韭菜，农人会在韭菜长出一两寸后，覆盖稻草遮蔽阳光，使其缺乏叶绿素，长成浅黄色的韭黄。人们常用韭黄包饺子。而韭菜花则是韭菜的花梗与花苞，含苞待放的时候最美味，一旦开了花，纤维就会变粗，口感因此也会变差。韭菜花主要用于炒食。

**韭黄**

韭黄是生长过程中没有受到阳光照射的韭菜，口感比较细腻，味道较甜。

**韭菜花**

**小孩食用注意**

韭菜叶子长长的，不是很好清洗。建议先用水冲，然后用温水浸泡约 10 分钟后再清洗。如此重复两三次，就不太需要担心农药残留问题了。若还是担心，可以适当延长烹调时间，并让烹煮温度高一点儿，就更能减少农药残留了。此外，由于韭菜纤维丰富，一餐不宜摄取过多，以免消化不良或腹泻。

Recipe

做成西式料理改善口感

# 翠绿点点土豆泥

**食材**

韭菜 1 把
土豆 150g
马斯卡彭奶酪 30g
牛奶 60g
盐 1 小匙
白胡椒少许

**做法**

1. 锅中加水及盐，然后将土豆刷洗干净放入锅中（让水没过土豆），煮 20 分钟（用竹签插入土豆后会裂开的熟度）。
2. 取一小锅，放入牛奶和马斯卡彭奶酪，用小火边煮边搅拌，至两者融合、质地均匀平滑。
3. 将煮熟放凉的土豆去皮，并捣成泥状，加入**做法 2** 的食材里拌匀。
4. 将韭菜切碎，放入土豆泥中，最后加盐、白胡椒调味。

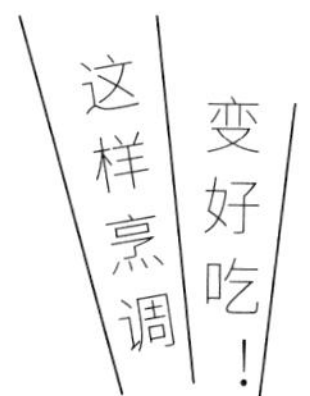


## 用讨喜的土豆泥，让孩子尝试吃韭菜

不只是孩子，其实很多大人也不喜欢韭菜的味道或口感。把韭菜与土豆泥结合，滑顺细致的土豆泥是孩子喜爱的料理之一，韭菜末让原本白白的土豆泥看起来更缤纷，也顺势让孩子尝试喜欢韭菜。另外，韭菜也可替换为香葱或洋葱，也都是很棒的食材选择！

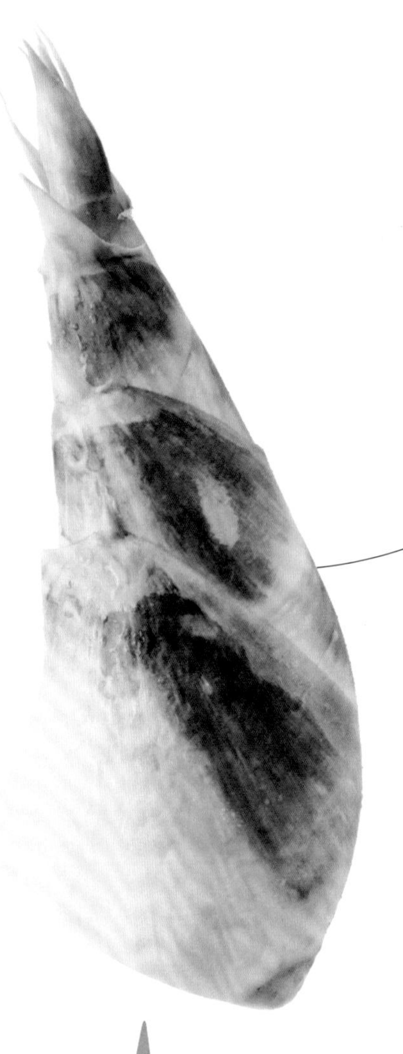

# 竹笋

适合食欲旺盛的孩子吃

营养特点

## 低热量、高纤维又有饱腹感

在市面上，我们可以看到不同的竹子长出来的竹笋，它们的甜度和口感会因含有的葡萄糖和果糖不同而略有差异。竹笋含有非常多的粗纤维，因此容易使人有饱腹感，热量和脂肪含量都不高，很适合食欲旺盛、营养过剩的小朋友吃。纤维还能促进肠道蠕动，因此被便秘困扰的孩子可多吃一点儿。

变好吃！
做成粥品改善口感
食谱请见 P.40

还有更多家族成员！

**冬笋**

又名孟宗笋，产量不多，一般与香菇、蒜一起煮成冬笋汤。

**麻竹笋**

体型较大，常用来炒肉丝、炖汤，或做成酱笋吃。

盛产季　春、夏、秋（每年 3~10 月）

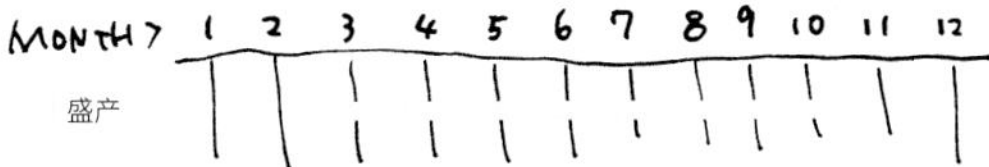


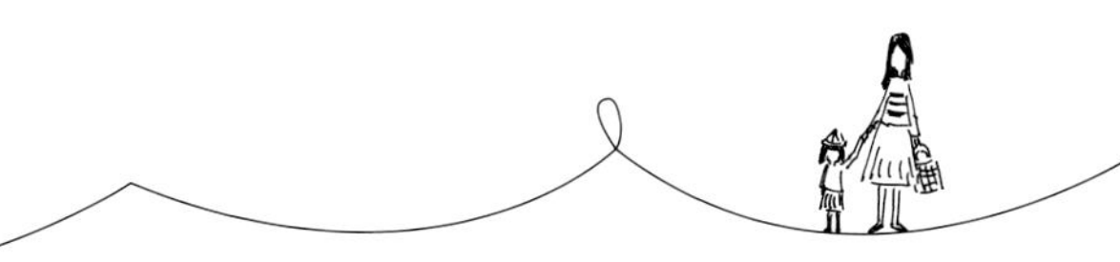

营养升级

## 与油脂和肉品一起烹调可解腻

竹笋对降血脂很有益，所以吃很油腻的东西时，如粽子、油饭、油炸食物时，很适合搭配竹笋一起烹调。绿竹笋可炒肉丝、煮粥、和排骨一起炖煮，有肉有纤维，还有维生素和矿物质。炎炎夏日，煮一锅竹笋排骨汤，就能摄取到多种人体所需的营养素，满足人体对均衡饮食的需求；或者烫熟了做成凉拌笋，孩子的接受度也会很高。

mini COOK

带孩子了解蔬菜！

**竹笋家族——绿竹笋、孟宗笋、麻竹笋、桂竹笋、箭竹笋**

竹笋是竹子长在地下的嫩茎，台湾地区常见的竹笋有 5 种：第一种是肉质细腻、常用来凉拌的乌壳绿竹笋；第二种是拿来与排骨熬汤的孟宗笋，又名冬笋；第三种是个头大、可一笋多吃或腌渍做成酱笋的麻竹笋；第四种则是肉质硬、纤维多，可做成笋干，但大多用于加工的桂竹笋；最后一种则是外型细长，适合和肉丝、豆瓣快炒或炖煮，又名箭笋的箭竹笋。

**桂竹笋**

肉质较硬，常被做成熟笋食用，或加工成笋干。

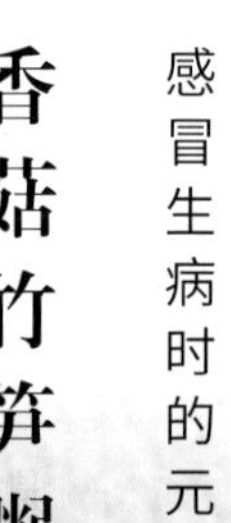

Recipe

感冒生病时的元气粥

# 香菇竹笋粥

**小孩食用注意**

食用未煮熟的竹笋会导致中毒反应，因此竹笋一定要彻底煮熟再食用。由于竹笋纤维丰富，建议给2岁以下的孩子吃时，以切丝烹调为主；如果孩子年龄大一些，可切片或切块，这样才不会因咀嚼不足而影响孩子的吞咽功能与口腔发育。

食材

绿竹笋 1 根
糙米白米饭 2 碗（米和水的比例可依个人喜好）
猪肉 100g
干香菇 3 朵
虾米 10g
盐 1 小匙
葱花 1 小匙
玉米淀粉少许
植物油适量

[ **猪肉腌料** ]
酱油 1 小匙
米酒 1 小匙
玉米淀粉 ¼ 匙
蒜末 ½ 小匙

做法

1. 将猪肉切丝，用腌料腌 15 分钟；竹笋去壳洗净后切丝。
2. 香菇泡水 15 分钟后挤掉水分（香菇水留着），切丝；虾米泡水 15 分钟（虾米水留着）后捞出备用。
3. 取一平底锅，放油加热，将猪肉丝沾少许玉米淀粉，放入锅中快炒，然后加入虾米、香菇丝，拌炒出香味。
4. 倒入香菇水、虾米水和开水，煮开后加入竹笋丝和糙米白米饭，起锅前加盐调味，撒上葱花即可。

## 将竹笋纤维变小，让笋的甜味和营养入粥

竹笋本身就带有甜味，与虾米、香菇一起煮成香喷喷的粥，很适合在感冒生病的时候吃。选用糙米混合白米煮饭，能让孩子摄取来自糙米的镁、锌、磷、钾等矿物质。建议煮饭之前先将糙米用水泡一会儿，再和白米煮成饭。对小小孩来说，这样煮的饭较软，也较易入口。改用胚芽米亦可。

# 南瓜

含有铬和植化素

营养特点

## 铬能稳定人体血糖

南瓜又称金瓜，含有对稳定血糖很有帮助的铬，以及不受烹调温度影响的植化素，所以烤、蒸、煮都适合。南瓜还含有丰富的 α-胡萝卜素、β-胡萝卜素，能保护孩子的视力。膳食纤维含量也很丰富，每 100g 南瓜（大概是半碗饭的量）含膳食纤维 2.7g。每 100g 南瓜含钙 16mg，虽然含量不算高，但因为南瓜的草酸含量低，不会抑制钙吸收，因此钙的吸收效率算是不错的。

变好吃！
做烤箱料理改善口感
食谱请见 P.44

还有更多南瓜家族！

台湾花莲东华有机专区出产的南瓜。

盛产季　春、夏、秋（每年 3~10 月）

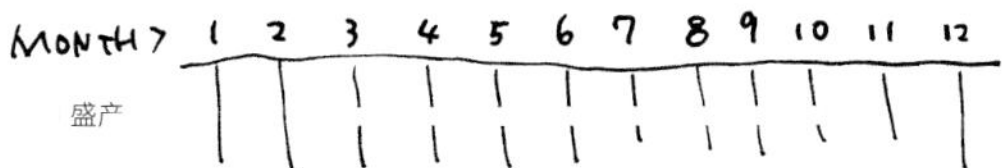


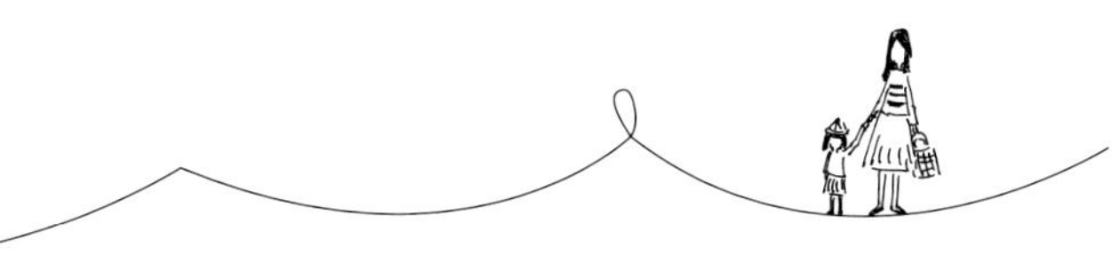

营养升级

## 加油烹煮利于维生素吸收

南瓜含有 α-胡萝卜素、β-胡萝卜素，因此和油脂一起烹调营养素吸收效果会更好。将南瓜和红藜一起烹调，再加上坚果，能同时摄入蛋白质、抗氧化的甜菜素、钙和铁。还可做成南瓜炒米粉、南瓜蛋炒饭、南瓜煮排骨姜丝汤。或将南瓜蒸熟，然后和蛋液一起蒸，变成讨喜的南瓜蒸蛋、南瓜布丁。做成南瓜泥酸奶也很好吃，是妈妈们可以常做的健康小点心。

**栗子南瓜**

南瓜肉的颜色、味道很像栗子，吃起来口感松软。

mini COOK

### 带孩子了解蔬菜！

**读绘本《南瓜汤》**

通过给孩子读绘本，带孩子了解南瓜的生长过程，如南瓜有藤蔓、有长茎且会开花结果，并向孩子传达合作的观念！爸爸妈妈可告诉孩子，南瓜从皮到籽都可以吃，是零厨余的好食材，再引导孩子一起用不同南瓜做出不一样的南瓜料理！比如，将果肉香脆的美国南瓜做成凉拌菜，将外型圆圆的、含水量高的东升南瓜做成南瓜汤，将外型小巧、肉质丰厚的栗子南瓜蒸煮油炸，或是选用口感鲜美的东洋南瓜以及清甜松软的南投南瓜做的不同料理，发现南瓜的营养与美妙滋味！

出版社：明天出版社
出版日期：2017/10
作者：〔英〕海伦·库柏

Recipe

烘烤改善软烂口感

# 慢烤南瓜红藜

**食材**

南瓜 1 个
红藜 ½ 杯
蔬菜高汤 1 杯
洋葱 1 个
苹果 1 个
葡萄干 ¼ 杯
奶酪屑 ½ 杯
坚果碎 1 大匙
无盐奶油 1 大匙
枫糖浆 1 大匙
植物油少许

**做法**

1. 备一汤锅，加入蔬菜高汤，将红藜洗净，加入锅中煮软，备用。
2. 洋葱洗净切碎，苹果切成小块。
3. 平底锅加油烧热，先将洋葱倒入以中火炒软，再加入苹果块拌炒 5 分钟。
4. 取一大碗，放入煮软的红藜、炒软的洋葱和苹果以及坚果碎、葡萄干、奶酪屑一起拌匀。
5. 将软化的奶油、枫糖浆拌匀，做成枫糖奶油备用。
6. 将南瓜洗净，切数片并去籽，在南瓜肉的表面涂一层枫糖奶油，中间填入**做法 4** 中的馅料，放在铺有烘焙纸的烤盘上，放进预热至 190°C的烤箱，烤 30 分钟后取出。

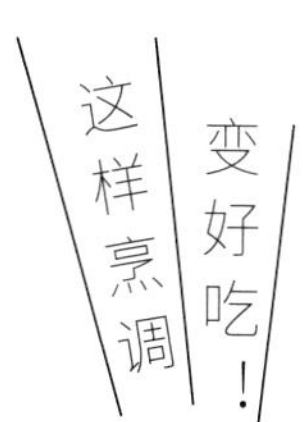


## 用烤保留南瓜的甜味，但不会过于软烂

南瓜适合各种烹调方式，不论煎、煮、炒都好吃，只要根据孩子的喜好找出最适合的烹调方式，就能够提高南瓜在孩子心目中的地位。有些孩子可能不喜欢南瓜蒸煮后过于软烂的口感，因此改用烤，中间夹红藜与枫糖奶油，食材多样让口感有层次，这样的搭配组合对孩子来说相当有新鲜感，是一道营养丰富的主餐。

# 土豆

富含氨基酸与维生素

营养特点

## 其维生素 C 耐高温也耐煮

土豆是根茎类蔬菜，曾被喻为最佳食物。含有丰富的维生素 C——每 100g 土豆含有 27mg 维生素 C（与柑橘的维生素 C 含量相当），几乎是 1~4 岁儿童每日推荐摄入量的 1/2，而且其所含有的维生素 C 不易被高温破坏。此外，它几乎零脂肪、零钠。紫色土豆还富含花青素，有益于血管健康。在叶菜类蔬菜产量少的季节，土豆是很好的替代选项，也是台风季时的储粮食材。

变好吃！
做成零食改变外观
食谱请见 P.48

还有更多土豆家族！

**美国土豆**

较大且长，水分较少，质地、口感紧实。

**爱尔兰土豆**

外皮是乳白色的，与切开后的颜色相同。

盛产季　春、夏、秋（每年 3~10 月）

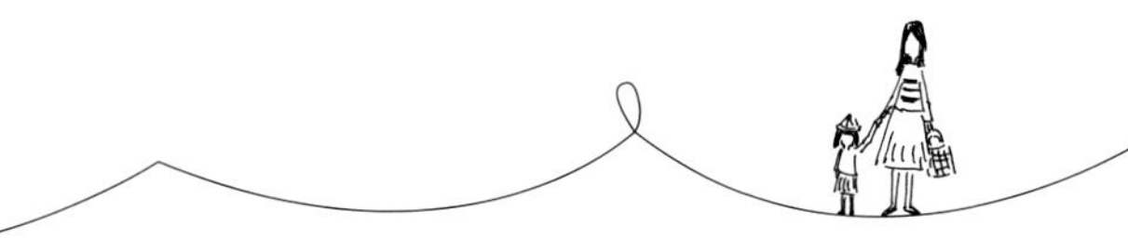

营养升级

## 可代替主食而且对胃温和

发育期的孩子运动后吃土豆，除了有饱腹感，更有足够的钾帮助电解质平衡、避免抽筋。土豆还是维生素 $B_6$ 的良好来源，可协助代谢蛋白质和碳水化合物。此外，土豆的膳食纤维较细，不易刺激胃肠黏膜，是绝佳的制酸剂。用土豆做沙拉或用烤土豆、煎土豆给孩子当点心，会比面包更有营养。需要注意的是，用高温油炸或烘烤的土豆，1 个月吃一两次为宜。

**安娜土豆**

口感比一般土豆爽脆，
通常用于炒食。

mini COOK

### 带孩子了解蔬菜！

**读绘本《我的蔬菜宝宝》**

父母和孩子一起读这本书，可以和孩子一起想一想，有哪些蔬菜是住在地底下的呢？借助绘本让孩子观察每种蔬菜露出来的叶子形状、大小、颜色的不同，以及这些蔬菜的明显特征，让孩子说出自己的想法。平时带孩子认识不同食材时，也可以和孩子讨论每种蔬菜水果的生长环境，增加孩子对食材的熟悉度。

出版社：郑州大学出版社
出版日期：2017/01
作者：陈丽雅

土豆长在地里的样子。

**小 孩 食 用 注 意**

土豆在加热过程中容易产生丙烯酰胺，大量摄入会使人中毒。若要减少丙烯酰胺，可以尝试以下 3 种方法：

❶贮存土豆不易产生丙烯酰胺。

❷用清水浸泡：可减少还原糖及天门冬酰胺酸量（加热过程中会变成丙烯酰胺）。

❸用 90℃热水烫 5 分钟，再用 25℃的食盐水（1g 盐兑 100g 水）浸泡 5 分钟。

Recipe

金黄酥脆的健康零食

# 妈妈牌土豆条

食材

土豆 2 个
橄榄油 1/2 杯
蒜末 2 大匙
盐 1 小匙

做法

1. 将土豆洗净去皮，切成条状，泡入水中洗净并沥干，备用。
2. 制作蒜油：将橄榄油、蒜末和盐放入平底锅，用中火加热 3 分钟，再转小火加热 3 分钟，待蒜末变成金黄色后过滤，留下蒜油。
3. 将烤箱预热至 200℃，在烤盘上铺上烘焙纸，依次摆上土豆条（不重叠）并淋上蒜油，放进烤箱烤 15 分钟后取出即可。

## 用烤的方式做土豆条更健康

土豆条是孩子的人气点心，但市售或油炸的土豆条总让妈妈们担心。其实在家里自己做并不难，还能控制土豆条的咸度！除了土豆，红薯和芋头也可如法炮制，但不用加蒜油和盐，做好后撒少许砂糖即可！

制作时，大蒜末不宜直接与土豆条一起烤，否则大蒜末会变得黑黑的，有苦涩的味道。将大蒜先放入橄榄油中，就能做出味道很香的土豆条。此外，生土豆含有 20% 的淀粉，过多的淀粉会形成黏糊糊的凝胶（所以做咖喱时能自然勾芡），但我们希望土豆条金黄酥脆，所以要先用水洗掉淀粉。

# 芦笋

有益发育并增强体力

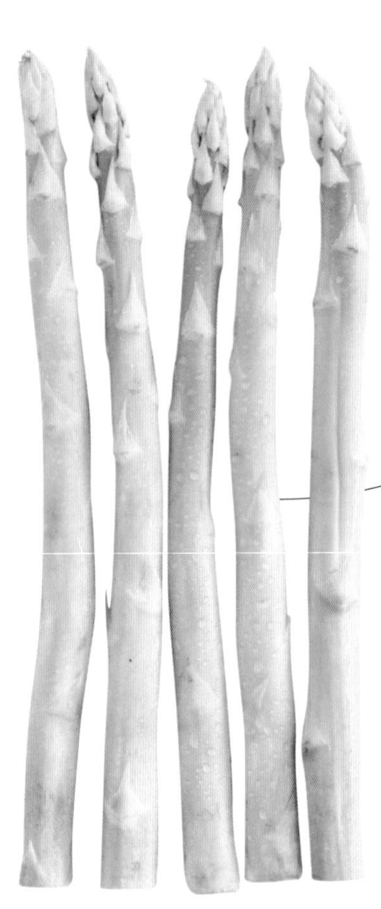

营养特点

## 叶酸丰富促进生长发育

芦笋分为绿芦笋、紫芦笋和白芦笋。一般来说，深色蔬菜的营养素比浅色蔬菜多，所以绿芦笋的维生素、矿物质含量比白芦笋多一些。芦笋的叶酸含量颇高，每100g芦笋所含叶酸量可达人体每日需求量的14%，有助于孩子生长发育，避免因缺乏叶酸而引起的健康问题。芦笋铁、钾、锌、硒的含量也较多，还含有天冬氨酸和多糖，可增强体力、消除疲劳，对于孩子的心血管、胃肠道、肝功能、白细胞生长等都有帮助。

变好吃！
做成炖饭改善口感
食谱请见 P.52

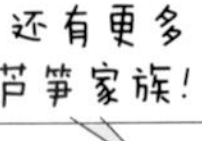

**紫芦笋**

和绿芦笋比起来更有芦笋味，可做沙拉或拌炒意大利面。

**小芦笋**

比绿芦笋体型小且细长，常用于凉拌或做沙拉。

盛产季　春、夏、秋（每年 4~10 月）

MONTH 1 2 3 4 5 6 7 8 9 10 11 12

盛产

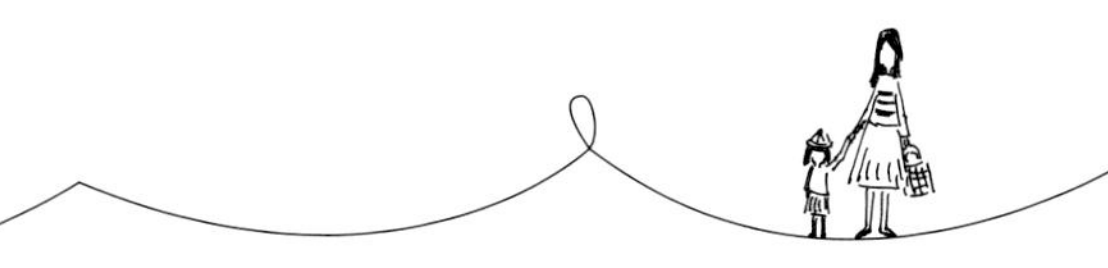

营养升级

## 与全谷根茎类同煮营养更加分

下页食谱用红薏仁、豌豆和芦笋搭配烹调，除了可降血压之外，更实现了氨基酸互补，有不输给肉类的优质蛋白质，很适合不喜欢吃肉的孩子或素食者。芦笋和猪肉、鸡肉、花枝一起炒味道也很搭，不仅营养丰富，而且富含膳食纤维。芦笋买回来后烫熟，待完全冷却装进保鲜盒或密封袋，放入冰箱冷藏保存，就能成为忙碌的妈妈们凉拌用的蔬菜了（建议 2~3 天食用完）。

**白芦笋**

口感较软，水分多且鲜甜，常用于西式料理。

mini COOK

### 带孩子了解蔬菜！

**芦笋家族——白芦笋、紫芦笋、小芦笋、芦笋花**

芦笋的种类繁多，有全株较粗、口感鲜甜、整株为白色的白芦笋，有可以清炒或做成沙拉的紫芦笋，还有体型小且细长、常用于凉拌的小芦笋，以及芦笋成熟之际长出的芦荟花。在芦笋盛产季带着孩子一起选购芦笋，不仅可以提升孩子的参与感，还可增加孩子对此食材的接受度！新鲜的芦笋有三大特点——直、紧、肥。直，芦笋全株形状正直；紧，芦笋尖端鳞片应紧密；肥，芦笋底部应肥硕不松软。可以带孩子根据这三大特点挑选新鲜、有营养的芦笋。

**芦笋花**

# 红薏仁芦笋炖饭

Recipe

做成炖饭软软好入口

**小孩食用注意**

芦笋含有的低聚果糖，是热量很低的碳水化合物，又有膳食纤维的功能，可促进对肠道有益的双歧杆菌增殖，对于保护胃肠道、预防肝癌等都有帮助，也有利于降血压和保护肾脏。若是给小小孩吃芦笋，选择细嫩一点儿的或切成小块，或把芦笋皮多削掉一点儿，都能使芦笋更容易入口。

**食材**

红薏仁 2 大匙
白米 1 杯
蔬菜高汤 5 杯
洋葱 ½ 个
芦笋 1 把（约 250g）
豌豆 ½ 杯
柠檬汁 2 大匙
柠檬皮屑 1 小匙
帕玛森奶酪 ¼ 杯（磨成屑）
盐 1 小匙
松子 1 小匙
橄榄油 2 大匙

**做法**

1. 将红薏仁洗净，先浸泡一晚上，备用。
2. 将芦笋削去外皮并切掉底部，切成 2cm 小段；洋葱切丁，白米淘洗干净，备用。
3. 加热平底锅，加入 2 大匙橄榄油，将洋葱丁放入锅中，炒至软化透明，加入白米拌炒。
4. 加入红薏仁和蔬菜高汤（1 杯），盖上锅盖用中火烹煮，让米粒完全吸收汤汁（约 20 分钟）。
5. 加入芦笋和剩下的蔬菜高汤，继续煮 25 分钟，起锅前 1 分钟加入豌豆，用盐调味。
6. 熄火，加入柠檬汁、柠檬皮屑和奶酪，享用前撒上松子。

## 在炖饭中加柠檬汁提升清爽度

为了让小小孩或咀嚼能力弱的孩子也能吃芦笋，特别做成软软好入口的炖饭。在熄火前加点儿柠檬汁和柠檬皮屑，能增加食欲并提升清爽度。由于孩子普遍较缺来自五谷杂粮的营养，所以还添加了红薏仁，营养更多元之外也让口感更好。

# 空心菜

高镁高钙纤维多

营养特点

## 含有多种重要维生素和矿物质

空心菜又叫蕹菜、瓮菜、藤藤菜，其膳食纤维含量在蔬菜中属中上，钾、钙、镁含量也多。钙、镁并存才能让钙质吸收更佳，满足儿童、青少年期快速生长对钙质的需要，稳定肌肉收缩，避免抽筋。此外，空心还含有丰富的叶酸和胡萝卜素，对预防贫血、保护视力均有帮助。

变好吃！
改善口感更好食用
食谱请见 P.56

**宜兰礁溪有美味的温泉空心菜**

说到台湾地区最有特色的空心菜，就不得不提宜兰礁溪的温泉空心菜。这是宜兰礁溪乡农人利用当地地热所产生的清澈无味、呈弱碱性的碳酸氢钠泉培育的空心菜，菜梗粗长但口感细致，不仅含有丰富的矿物质而且香甜清脆。

盛产季　春、夏、秋（每年 3~11 月）

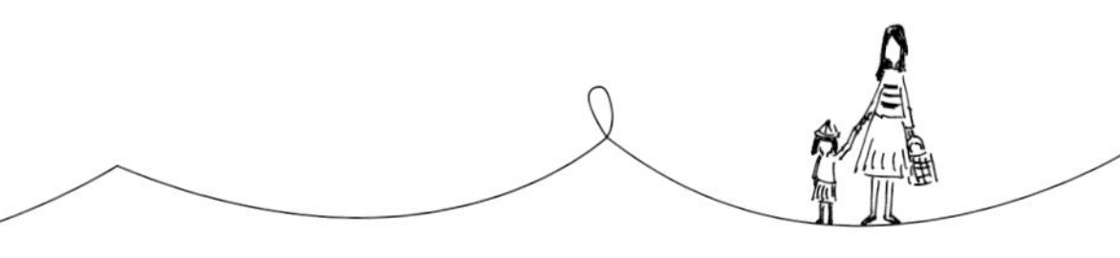

营养升级

## 与肉类快炒摄取更多胡萝卜素

空心菜含有丰富的胡萝卜素，如果和肉末一起炒，或和富含维生素 D 的香菇（干燥的亦可）一起炒，对缓解干眼症以及视力保健等都很有帮助。而且已有研究发现，从空心菜里能萃取到一些抗癌物质，有抑制细胞突变的能力，而且这些物质不会因为被加热而改变。妈妈们不妨在盛产季多买空心菜炒给孩子吃，脆脆的口感很讨喜。

mini COOK

带孩子了解蔬菜！

**宜兰当地的温泉空心菜**

有“绿色精灵”之称的空心菜，是餐桌上的常客。购买时需选择叶子颜色深绿、没有损伤的，茎干较细者吃起来会比较细嫩。买回家后，如果放置在阴凉通风处，可保存约 1 天；若用牛皮纸包起来放入冰箱冷藏，可避免水分流失，能保存约 3 天。

茎干较细的空心菜吃起来比较细嫩。

Recipe

小小孩也能吃

# 空心菜炒肉末

### 小孩食用注意

有些孩子比较容易兴奋，比如容易抽筋或睡觉时乱翻转、没有食欲，可能是缺乏镁和钙，可多吃空心菜做补充。为 1 岁以下的孩子烹调空心菜时，建议将茎切得短短的（大约 1cm），比较好咀嚼，再加上肉末一起炒，既好吃又营养。

**食材**

空心菜 1 把
猪肉末 100g
大蒜 2 瓣
酱油 ½ 小匙
盐 1 小匙
香油少许
白醋 ½ 小匙
植物油少许

**做法**

1. 洗净空心菜，菜梗切末，菜叶切小段，大蒜切末。
2. 加热平底锅，倒入油及部分蒜末，先将蒜末炒香，然后加入猪肉末和酱油，炒熟取出备用。
3. 原锅中再加 1 匙油，放入余下的蒜末爆香，倒入菜梗翻炒，然后加 1 大匙水，盖上锅盖软化菜梗。
4. 菜梗软化后放入菜叶快炒，以盐调味，然后淋上 ½ 小匙白醋。
5. 放入**做法 2** 的猪肉末炒匀，起锅前淋少许香油提香。

### 先处理菜梗，让纤维变软变小

有些孩子可能觉得空心菜的梗不好咬，所以吃不下去。妈妈可依食谱做法先做处理，并且先炒菜梗使其软化，让小小孩也能接受这道菜。也可以尝试别的调味方法，例如豆腐乳炒空心菜、虾酱炒空心菜等，也都能让孩子胃口大开。

# 2-2

# 夏 季 蔬 菜

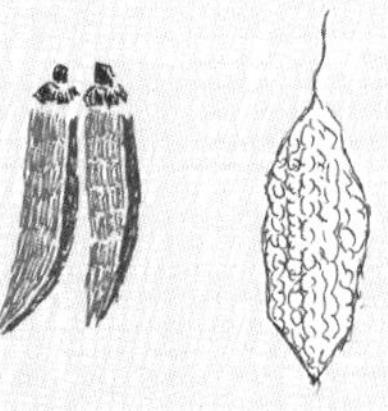

# 秋葵

富含叶酸和多糖

营养特点

## 多糖利于降血糖保护胃

秋葵的最大特点就是吃起来有黏液，孩子们对它的口感评价相当两极。其实，这些黏黏的液体有保护胃壁的作用。秋葵含有类黄酮化合物及多糖，能增加胰岛素的敏感性、减轻胰脏细胞的炎症反应、降低血糖。每 100g 秋葵含有 90.9μg 叶酸，是叶酸含量非常高的蔬菜，可预防贫血、促进生长发育，应该让孩子多吃。

变好吃！
做成果冻减少黏液感
食谱请见 P.62

秋葵以颜色翠绿且绒毛细致、分布均匀的为佳。

盛产季　夏、秋（每年 5~9 月）

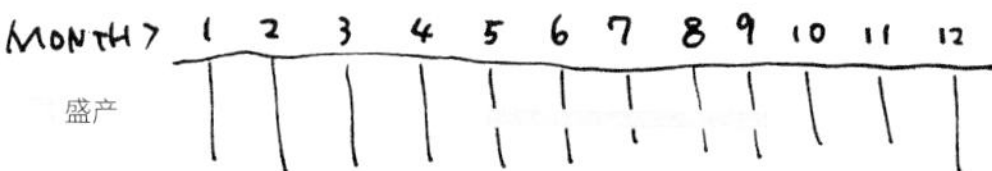


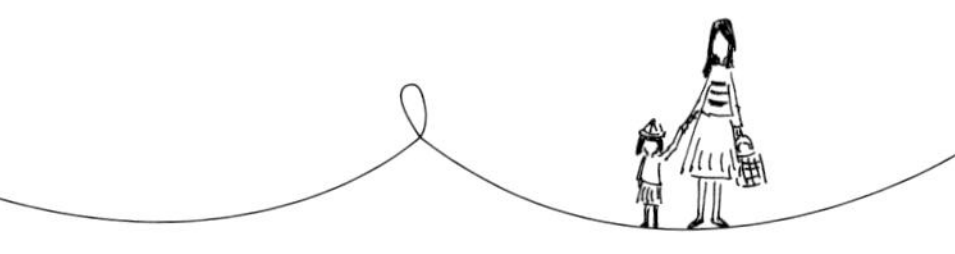

营养升级

## 加奶酪烹调，一次摄取两种钙

除了做果冻，秋葵也适合焗烤、和番茄鸡肉一起炒，或加入咖喱中给孩子吃。与奶酪搭配，是因为秋葵高钙低草酸，用焗烤烹调，可吃到植物性钙和动物性钙，并可补充热量（建议选天然奶酪，因为高钙奶酪钠、磷含量高，会影响钙质吸收）。秋葵和蕃茄、鸡肉一起炒，酸酸的番茄可提高食欲，还可遮盖秋葵的味道。也可以尝试将秋葵放入咖喱中，借此隐藏秋葵特有的黏稠感。

还有更多秋葵家族！

**紫秋葵**

外皮为紫色带点儿绿，吃起来比绿秋葵清甜一些。

mini COOK

带孩子了解蔬菜！

**厨事游戏：一起做绿色星星**

有“绿色人参”之称的秋葵营养丰富，却常因黏液而让孩子避之唯恐不及。烹调时，可引导孩子用食物剪刀，将秋葵横着剪成段，孩子会发现秋葵五角形的样子像小星星一样讨喜可爱；再让孩子将熟的秋葵摆入盘中，为料理加上绿色小星星。孩子对于自己参与制作的食物，比较容易接受。

Recipe

# 小星星蔬菜果冻

做成果冻减少黏液感

**小孩食用注意**

在市场挑选秋葵时应注意，毛茸茸的秋葵比较新鲜，表面毛少的新鲜度较差。如果是给小小孩吃秋葵，可以切成星星状，与蛋液拌匀，做成软软好入口的蒸蛋。

**食材**

秋葵 5 根
玉米笋 5 根
小番茄 5 个
苹果汁 500ml
开水 100g
琼脂粉 9g

**做法**

1. 准备一锅热水，将所有蔬菜放入热水中烫熟，切成适口大小。
2. 将苹果汁和琼脂粉倒入锅中，加入开水煮至溶解。
3. 选择喜爱的硅胶模具，先铺好蔬菜，再倒入**做法 2** 的琼脂果冻液，放入冰箱冷冻 30 分钟。

## 让秋葵变身好吃的果冻

秋葵的黏稠口感，有的孩子喜欢，有的孩子却很害怕。妈妈们可在烹调时用点儿小心机，让黏液不那么明显——做果冻是容易让孩子吃下肚的方法之一。烹煮前不妨先带孩子认识秋葵：可以让孩子思考为什么秋葵有“美人指”这样的美名，或试着让孩子将秋葵切开，观察秋葵被切开后横断面的星星状外形。

# 苋菜

不输牛肉的高铁质

营养特点

## 高铁高钙富含维生素 C

苋菜又分为红苋菜、白苋菜和野苋菜，其中野苋菜整体营养价值最高，而红苋菜的胡萝卜素、维生素 C 和铁含量最高。白苋菜的铁含量是菠菜的 1.4 倍，钙含量是菠菜的 1.8 倍；红苋菜的铁含量则是菠菜的 3.7 倍，钙含量是菠菜的 3.3 倍，对孩子的生长发育帮助很大。妈妈们去市场时，不妨交替采买这 3 种苋菜烹调。

变好吃！
做成羹汤减少涩味
食谱请见 P.66

还有更多苋菜家族！

**红苋菜**

叶片的局部与一部分茎干是红色的，烹调后汤汁会变红。

盛产季　夏、秋（每年 6~10 月）

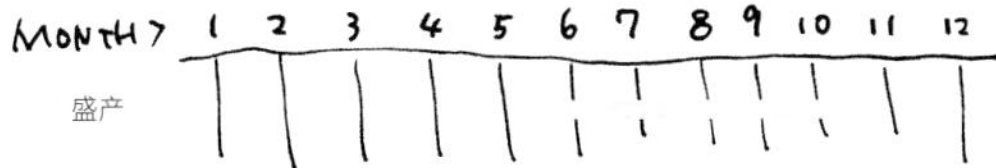


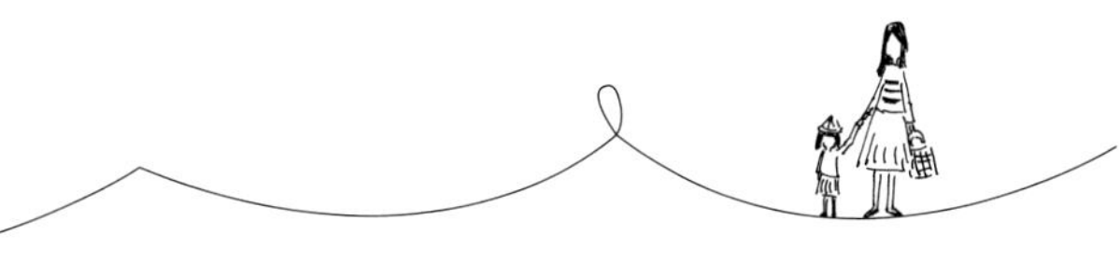

营养升级

## 加蛋白质利于铁质吸收

苋菜豆腐羹汤是补铁良方，不仅能补血，还有鸡肉、豆腐提供优质蛋白质，更能促进铁质吸收。用成羹汤，润滑度高，可减轻苋菜涩涩的口感，孩子好入口。100g 牛小排含铁 2mg，而 100g 红苋菜有 11.8mg 铁。虽然植物性的铁吸收率没有牛肉中的动物性铁高，但苋菜的铁质含量远高于牛肉，而且吃青菜比吃肉胃肠负担小，不妨交替着吃。

红苋菜与牛小排含铁量及吸收率比较

| 食物名称及重量 / 对比内容 | 每 100g 红苋菜 | 每 100g 牛小排 |
|---|---|---|
| 含量质 | 11.8mg | 2mg |
| 吸收率 | 5% | 25% |
| 预估铁质吸收量 | 0.59mg | 0.5mg |

mini COOK

带孩子了解蔬菜！

苋菜家族

挑选苋菜时，需注意叶片的完整性及触感是否柔嫩。挑选绿苋菜越绿的越好，而红苋菜则是越红品质越佳，两者皆是梗部越细短的吃起来越嫩。购买回来后，先去除根部，再用报纸包覆，放入冰箱冷藏，可保存 2 天。由于苋菜的叶片薄、不耐储藏，为了吃到新鲜的苋菜，还是尽早食用为佳！妈妈们可以带着孩子去市场采买，了解绿苋菜、红苋菜与白苋菜的不同，增加孩子对食材的认知和接受度！

Recipe

# 苋菜豆腐羹汤

做成羹汤滑溜好入口

**小孩食用注意**

若孩子或长辈咀嚼能力弱，也可以把苋菜和肉一起打成泥。如果孩子具备一定的咀嚼能力，建议留下苋菜梗一起烹调，一来可让孩子多咀嚼，二来可避免孩子养成吃饭时狼吞虎咽、没有好好嚼就吞下去的坏习惯。

**食材**

嫩豆腐 1 盒
玉米淀粉 1 小匙
苋菜 1 把
鸡胸肉 50g
鸡蛋 2 个（只取蛋白）
香油 1 小匙
香菇酱油 1 大匙

**做法**

1. 取一小碗，打入蛋白，与开水拌匀后加入玉米淀粉。
2. 将苋菜洗净切小段，鸡胸肉、豆腐切小块。
3. 在平底锅内倒入适量水并将水煮开，放入苋菜、豆腐、鸡肉，然后转中火，加入香菇酱油，煮至鸡胸肉熟。
4. 倒入**做法 1** 的蛋白液和香油，蛋白熟了即可关火。

## 用滑溜的羹汤减轻苋菜的涩味

苋菜尝起来有点儿涩涩的味道，为了更好食用，做成羹汤使其更滑溜，食欲不好也很适合吃。也可以做苋菜滑蛋、清炒苋菜，都是为孩子补铁的好方法。

降火气又消炎补水

# 小黄瓜

营养特点

## 含有降血糖、降血脂的营养素

小黄瓜是水分含量非常高的蔬菜（水分占96%），同时还含有较多的钾和硒，夏天吃可利尿、降火气、提高免疫力。瓜类蔬菜中有一种特别的营养素——葫芦素，能帮助蔬菜对抗环境中的虫害威胁，而对人体，则有降血糖、降血脂和抗氧化的作用。将小黄瓜做成凉拌菜或快炒都是很好的烹调方式，可最大限度地保留维生素 C。

变好吃！
做成夏日冷汤减少瓜味
食谱请见 P.70

还有更多黄瓜家族！

**大黄瓜**

和小黄瓜是不同品种的蔬菜，它的外皮和瓜肉都比较硬，水分多。

盛产季　夏、秋（每年 5~11 月）

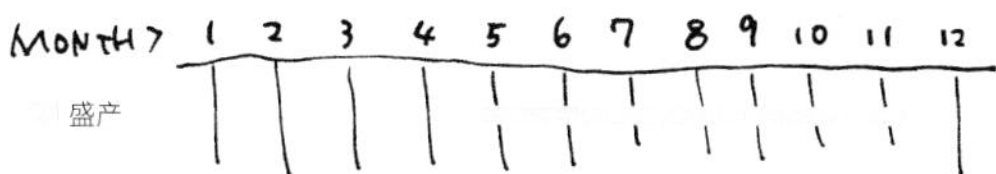


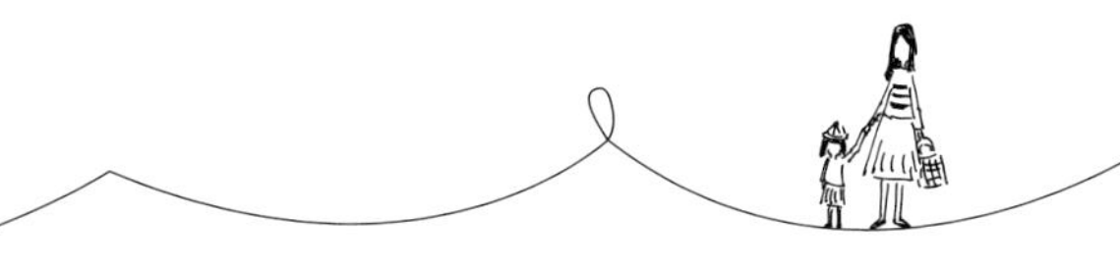

营养升级

## 果胶能帮助有益菌生长

小黄瓜中的植物纤维是以果胶形态存在的，能够帮助有益菌生长或增加有益菌的种类，而且不受温度影响，因此生吃或煮熟食用，植物纤维仍能被保留。水分多的小黄瓜有滋润皮肤、舒缓晒伤的效果，还能保护人体神经系统并降低炎症反应，是夏天可以多买多吃的好蔬菜。但由于黄瓜所含维生素种类较少，建议多搭配其他蔬菜一起吃，比如做三明治、沙拉或做腌菜，脆脆的口感孩子很喜欢。

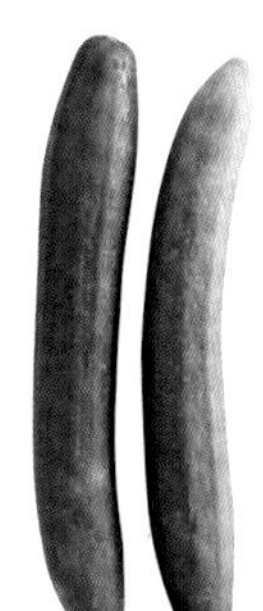

**西洋黄瓜**

比一般的小黄瓜脆，籽也比较小。

mini COOK

带孩子了解蔬菜！

**读绘本《黄瓜国王》**

书中的主人公家有一个蔬菜王国，国王是位小黄瓜。这个小黄瓜国王是位暴君，想执行他的复仇计划。主人公想办法拆穿黄瓜国王的底细，使大家重拾往日的欢乐。书中将小黄瓜国王描绘得风趣幽默，个性也很鲜明，可以带孩子运用想象力将小黄瓜拟人化，赋予其个性，为小黄瓜编写一段小故事。

出版社：明天出版社
出版日期：2014/05
作者：〔奥地利〕克里斯蒂娜·涅斯玲格

# 西班牙番茄黄瓜冷汤

Recipe

做成夏日冷汤减少瓜味

**小孩食用注意**

这道冷汤结合了大番茄、凤梨、奇异果等蔬菜水果，很适合夏日饮用。对一般的发热、喉咙痛也很适合。不过，若是喉咙发炎，建议不加奇异果和凤梨，否则孩子会更不舒服。

食材

大番茄 100g
小黄瓜 50g
凤梨 50g
梅子粉 1 小匙
蜂蜜 1 大匙
奇异果 1 个
薄荷叶 1 小株

做法

1. 将大番茄底部划十字，放入开水中 1 分钟，取出泡入冰水中，撕去外皮并切块。
2. 将小黄瓜洗净，切片；奇异果、凤梨去皮，切小块。
3. 将大番茄、小黄瓜、凤梨、梅子粉和蜂蜜放入果汁机搅打 1 分钟。
4. 将果汁倒入深碗中，加入切好的奇异果，最后用薄荷叶装饰即可。

## 用其他蔬菜水果让小黄瓜瓜味不明显

有些孩子并不喜欢小黄瓜特有的瓜味，或不喜欢它夹在面包里湿湿软软的口感，所以我们把它打成汁和水果混在一起，变成冷汤，也可以当饮品喝。在食欲不好的炎夏，既开胃又能吃到多种维生素。快和孩子一起做这道汤吧！

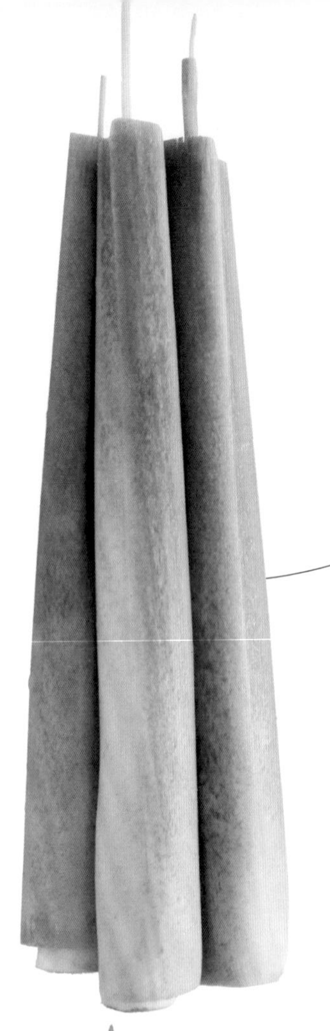

# 茭白

高钾低热量抗氧化

营养特点

## 钾离子有益于调节血压

茭白含有抗氧化物质，钾含量也较高。钾对孩子骨骼肌的收缩、心肌电位传导与心率调节、血压调节等都有帮助。茭白纤维丰富，能增添饱腹感。每 100g 茭白只有 26kcal 热量，是能帮助维持健康体态的蔬菜之一。

变好吃！

做成下饭菜减少纤维感

食谱请见 P.74

台湾南投埔里的茭白田。

盛产季　夏、秋（每年 5~6 月、9~11 月）

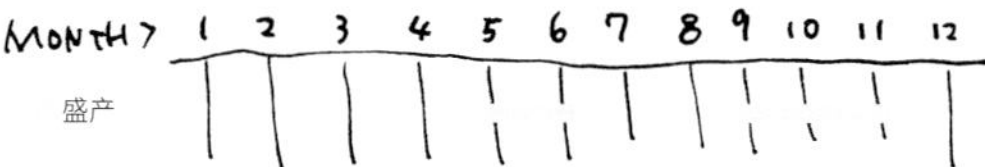


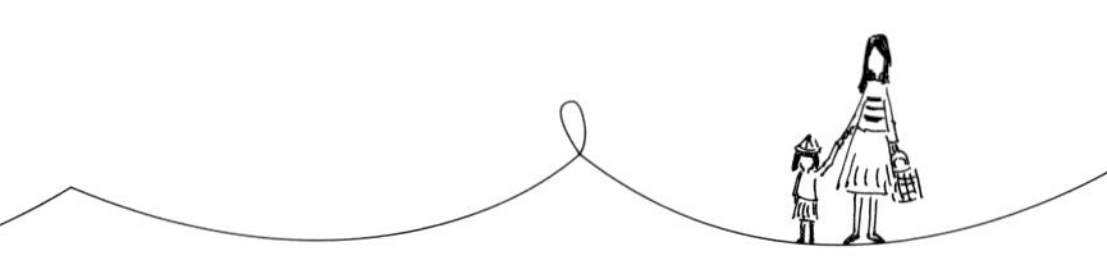

营养升级

## 带壳煮更能保留营养和甜味

茭白最常见的烹调方式是蒸或煮。若想保留茭白的甜味、营养和水分，不妨先带壳煮，煮熟后放凉再去壳。茭白纤维比竹笋纤维细致，可让不喜欢竹笋口感的孩子尝试。建议妈妈们在茭白的盛产季多买点儿，与富含蛋白质的食材一起烹调，比如炒肉丝、炒蛋黄，或将茭白切丝炒蛋，一方面让孩子多吃蔬菜，另一方面营养也更完整丰富。

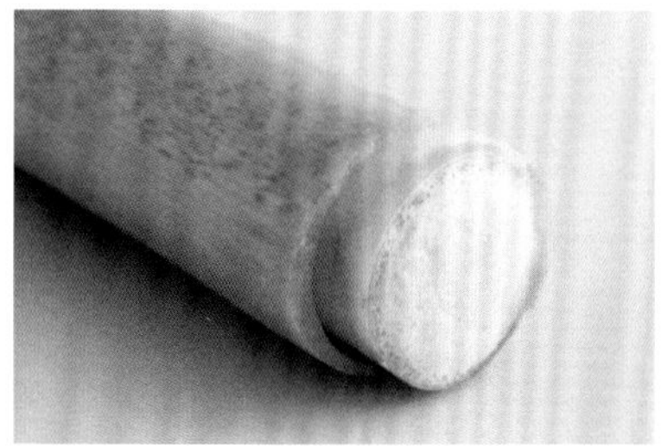

茭白的笋头切面细致，表示新鲜且口感嫩、水分多。

mini COOK

### 带孩子了解蔬菜！

**台湾南投的“美人腿”**

种植在水田中的茭白，又称水笋。因为细白嫩长，另有“美人腿”的称呼。台湾地区茭白的主要产地为南投埔里与新北市金山。埔里农民为了推广水分多又鲜嫩的茭白，每年会举办南投“美人腿”公主选拔赛，父母可以带着孩子去探访茭白产地。购买时，最好选带壳未剥、形状饱满、光滑鲜嫩的茭白，现买现剥最新鲜。虽然茭白可放入冰箱中冷藏，但其实并不耐储存，应尽量于 1~2 天内食用完毕。

# 金沙茭白

做成下饭菜减少纤维感

Recipe

**小孩食用注意**

有些茭白切开之后笋肉上面会有黑色斑点，这是正常现象。茭白需要有黑穗菌才能生长、肥大，但其品种、温度、水质、采收成熟度都会影响黑穗菌的数量。黑穗菌增生后会产生厚膜孢子，便会形成我们所看到的小黑点。黑点不影响茭白的营养价值，也不会对人体健康造成危害，可以放心给孩子吃。

**食材**

茭白 4 根
咸鸭蛋 2 个（蛋黄、蛋白分开）
葱花 1 大匙
白芝麻 1 小匙
蒜头 3 瓣
盐 ½ 小匙
植物油少许

**做法**

1. 剥去茭白外壳，切小块（特别是要给小小孩吃的时候）；咸蛋黄切碎，大蒜切末，备用。
2. 锅中加开水和盐，然后放入茭白煮 2 分钟，捞出沥干。
3. 平底锅加热，倒入油，先炒蒜末，再加入切碎的咸蛋黄，用小火煮至起泡。
4. 放入茭白拌炒，起锅前加入葱花拌一下，盛盘备用。
5. 将咸蛋白压碎，撒于茭白上，最后撒上白芝麻。

## 咸蛋黄让茭白更好食用

考虑到茭白的纤维感比较明显，处理时切得小一些，会比较好嚼。咸蛋黄的油脂包裹着茭白，可增加适口度，再配上咸蛋白，是非常下饭的一道菜。将咸蛋白压碎的工作就交给孩子吧，顺便和他们说茭白有“美人腿”的美誉，有助于孩子了解食物！

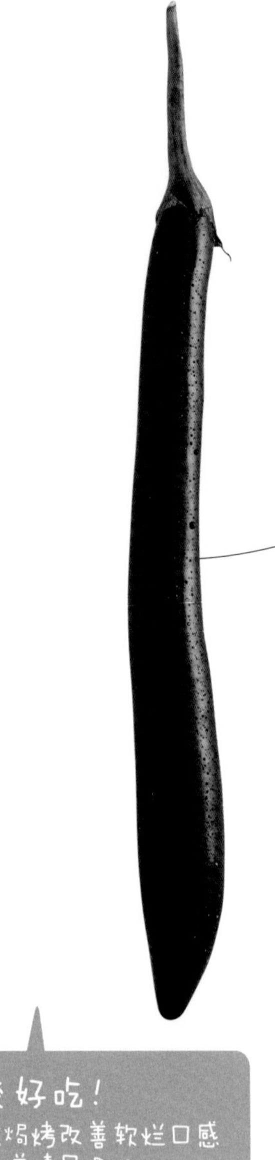

# 茄子

纤维多又富含花青素

## 丰富的花青素可保护心血管

茄子煮过后口感软烂，常荣登小朋友讨厌蔬菜排行榜，其实茄子富含膳食纤维、花青素，对抗氧化和防止粥状动脉硬化相当有帮助。让孩子从小多吃茄子，能提早保护心血管。花青素是一种耐热的植化素，不易受烹调方式的影响。此外，茄子还含有维生素 P，能防止维生素 C 因氧化而受到破坏，也可防止瘀伤、预防牙龈出血、增强抵抗力。

变好吃！
做焗烤改善软烂口感
食谱请见 P.78

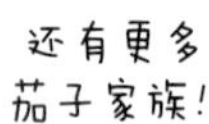

**美国茄子**

个头大而且底部较浑圆，外皮坚实，果肉脆且多汁。

**日本蛋茄**

外皮较坚硬，常被日本人用来做圆片天妇罗或切成两半加味噌做焗烤。

盛产季　夏、秋（每年 5~12 月）

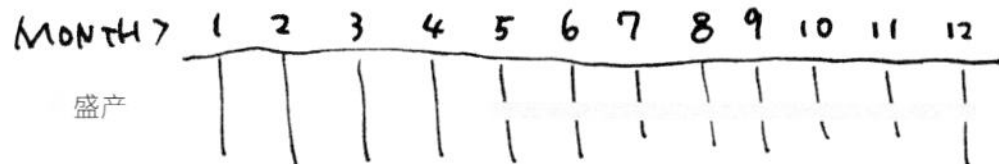


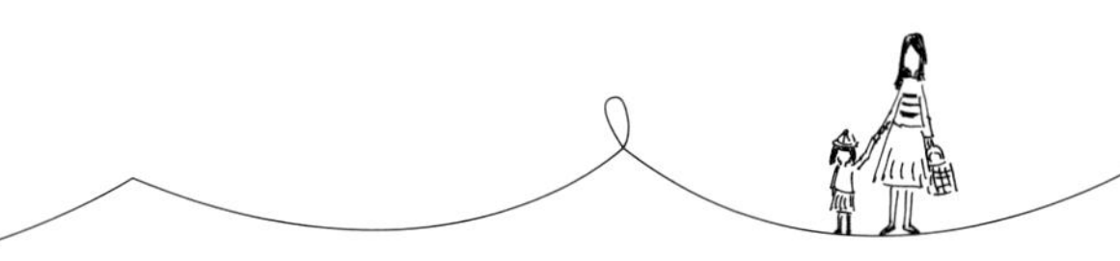

营养升级

## 加奶酪烹调让口感变讨喜

很多小朋友不喜欢茄子软烂的口感，可用味噌的甜味和焗烤之后的口感，增加孩子的接受度。将茄子从中间剖成两半，加奶酪焗烤，一来口感不会那么软烂，二来还可以摄入奶酪中的钙，一举两得；或者将茄子和意大利肉丸、肉酱一起煮到软化，让茄肉组织软烂到完全吃不出来，也是值得尝试的一种做法。

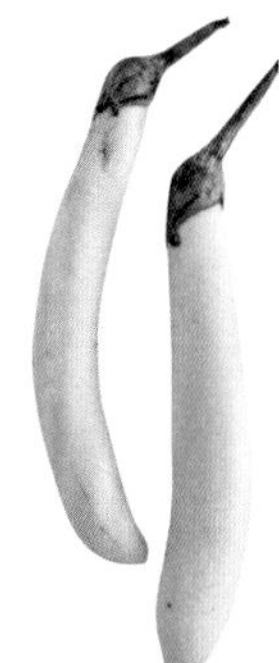

**白茄子**

原产地以色列，味道和紫茄子差不多，但肉质厚且细致。

mini COOK

带孩子了解蔬菜！

**饮食文化：客家人的长豆炒茄子**

端午节除了吃粽子、划龙舟外，你知道客家人还会在这天吃长豆炒茄子吗？客家人认为长豆有象征长寿之意，而茄子的客家话发音则是“咬”的意思，所以客家人觉得在端午节的时候吃长豆炒茄子，不仅可以让自己长寿，还可以避免蚊虫叮咬，甚至能让身体更健康、气色更红润！

# 香甜味噌烤茄子

Recipe

日式焗烤改善软烂口感

**小 孩 食 用 注 意**

新鲜的茄子皮为深紫红色，若茄子皮颜色变淡或者皱缩就是不新鲜了，妈妈们购买时要注意。为了保持茄子皮漂亮的紫色，料理前可先把茄子放入盐水或者醋中泡一会儿，或在汆烫之后立刻泡入冰水中。虽然餐厅最常见的烹调方式是过油，以保持原色，但茄子实在太吸油了，不建议在家里这么做。

**食材**

日本圆茄子 1 个
味噌 1 大匙
白芝麻 1 小匙
砂糖 1 小匙
开水 ½ 大匙
橄榄油 1 小匙

**做法**

1. 将茄子洗净，对半切开，用刀在茄子肉表面划上格纹，放入盐水中浸泡 10 分钟后取出。
2. 将烤箱预热至 220°C，同时调好味噌酱：取一小碗，将味噌、白芝麻、砂糖、开水拌匀。
3. 在烤箱中铺上烘焙纸，刷上 1 小匙橄榄油，让茄子内侧朝下，先烤 10 分钟，翻面再烤 5 分钟。
4. 取出茄子，涂上味噌酱，再放回烤箱烤 5 分钟即完成。

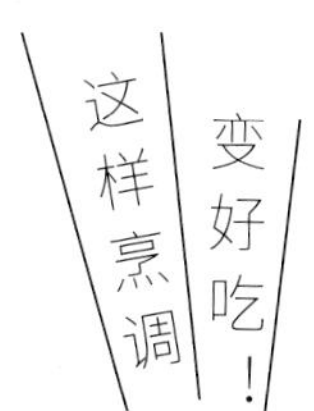


## 用日式调味焗烤，改变日常吃法

很多小朋友不喜欢茄子烹调后软烂的口感，所以我们选用日本圆茄子并且用焗烤的方式，加上味噌，改变小朋友对茄子的刻板印象，还能用汤匙轻松地挖着吃。这道菜很简单，可以让孩子一起涂味噌酱，提高孩子吃的意愿。

# 冬瓜

适合控制体重的孩子吃

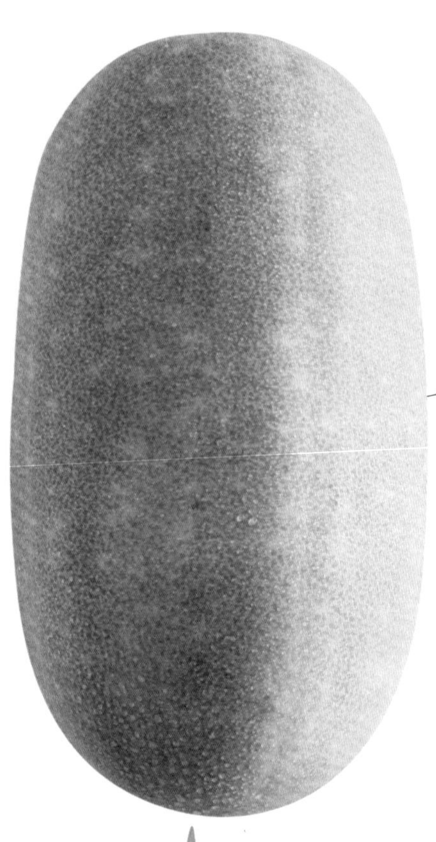

营养特点

## 有助代谢，消耗多余脂肪

冬瓜是夏秋季餐桌上常见的食物，水分含量很高（96.9g/100g），还含有叶酸、烟酸、维生素C、钙、钾等营养素，有消暑解热、利尿消肿的功效。冬瓜富含丙醇二酸和葫芦巴碱，可控制糖类转化为脂肪，还能消耗人体多余的脂肪，亦能防治高血压和粥状动脉硬化。粥状动脉硬化是从小就开始的，所以家里若有体重超标的孩子，不妨多做冬瓜给他们吃，冬瓜是能辅助减重的食材。

变好吃！
做成下饭菜改善口感
食谱请见 P.82

冬瓜切成片的样子，瓜囊空间大且有种子。

盛产季　夏、秋（每年 5~10 月）

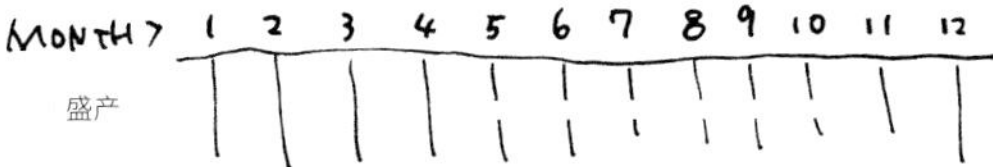


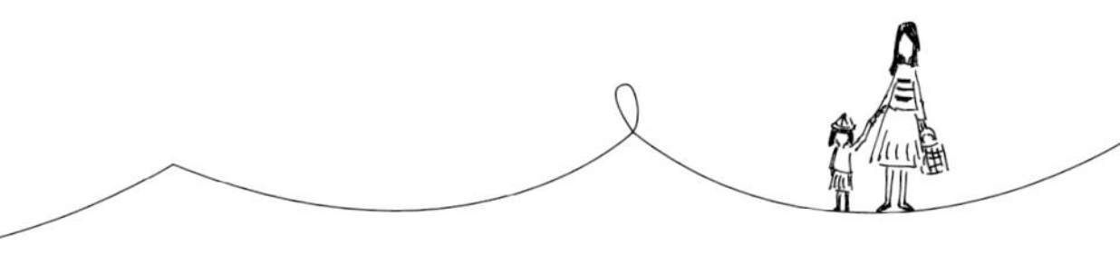

营养升级

## 与含钙食材一起煮有利吸收

冬瓜的钠含量很低，水分又高，有利尿消肿的功效，因此很适合需要控制体重者或糖尿病患者食用。冬瓜还含有阿拉伯糖、甘露糖等成分，这些均对肠道有益菌有利。冬瓜的维生素 K 含量也很丰富，建议妈妈们搭配富含钙质的食材一起烹调，例如蛤蜊、小鱼干、虾米、螃蟹等，可以促进钙质吸收，对于孩子的骨骼与牙齿健康均有益。

还有更多冬瓜家族！

**芋头冬瓜**

与一般冬瓜形状不同，偏圆形，烹煮后有淡淡的芋头香气。

mini COOK

带孩子了解蔬菜！

**读绘本《冬瓜女儿》**

此书讲述了台湾马葛兰族的一对老夫妻的传说。通过阅读本书，可以让孩子观察冬瓜的生长，一颗小种子在老夫妻的细心呵护下开了一朵黄花，结出一个大大的冬瓜。

出版社：世一出版社（中国台湾）
出版日期：2010/10/14
作者：〔中国台湾〕陈景聪

### 小 孩 食 用 注 意

《本草分经》里是这样描述冬瓜的："甘，寒。泻热益脾，利二便，消水肿，散热毒"。由此可知，冬瓜是含水量高的蔬菜，而且利尿、清热生津，很适合孩子在炎热的夏季食用。但需注意，冬瓜性寒凉，若是脾胃较虚、容易拉肚子，或者体质较寒的小朋友应避免食用过量。

Recipe

## 鲑鱼冬瓜盅

软嫩清香的消暑下饭菜

**食材**

冬瓜 1 片（约 500g）
鲑鱼肉 100g
猪肉馅 300g
蛋白 100g
红薯淀粉 1 小匙
盐 1 小匙
糖 1 小匙
葱末 10g
姜末 10g
蒜末 10g

**做法**

1. 将冬瓜片的中间挖一个洞，抹一层香油；将鲑鱼肉剁碎，备用。
2. 将蛋白打散，加入猪肉馅、葱末、姜末、蒜末、红薯淀粉、糖、盐、鲑鱼肉，全部混匀。
3. 将**做法 2** 的馅填入冬瓜内，装盘放入蒸笼里，用大火蒸 10 分钟即可。

## 加入有嚼劲的食材，添味好下饭

冬瓜蒸过之后就变得软软的，有些孩子并不喜欢，加入一些有嚼劲的肉馅和鲑鱼肉，和冬瓜一起配饭吃，口感就没单吃那么软烂了。这道冬瓜料理也适合小小孩尝试，软嫩又清香。

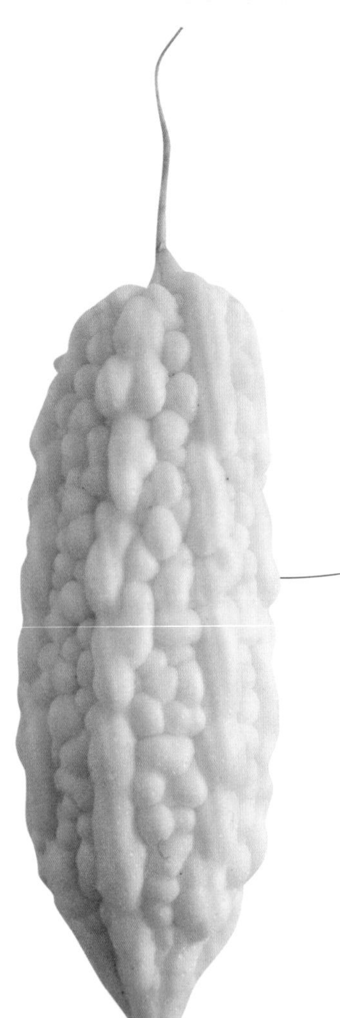

# 苦瓜

营养特点

## 苦瓜萜有助于控制血糖

说到吃苦瓜，许多孩子的脸立刻就变成了“苦瓜脸”。人类天生不喜欢苦味，这是因为大自然中有苦味的植物大多有毒，对苦味的排斥是一种保护机制，但人类可通过学习慢慢适应苦味。苦瓜虽然苦苦的，但营养丰富，含有蛋白质、脂肪、碳水化合物、膳食纤维与多种维生素，其维生素C含量是瓜类的第一名呢，有“瓜中维C王”的称号。苦瓜还含有能够有效控制血糖的成分。

**变好吃！**
减少苦味做成开胃菜
食谱请见 P.86

还有更多苦瓜家族！

### 苹果苦瓜

圆胖且味道较甘甜，是台湾地区十大经典神农奖的农作物之一。

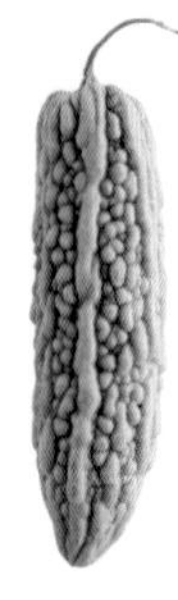

### 青皮苦瓜

口感比白色苦瓜脆，吃起来会微微回甘。

盛产季　夏、秋（每年 5~11 月）

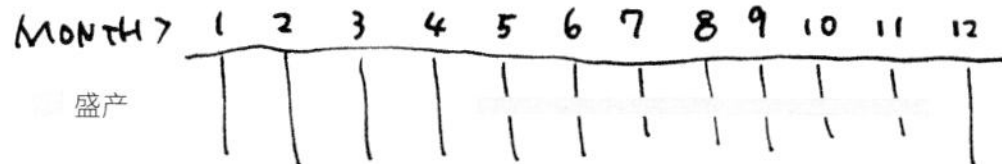


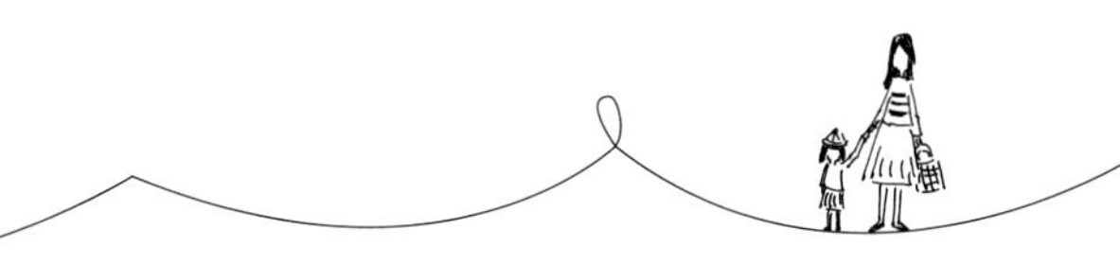

营养升级

## 山苦瓜的维生素 C 含量更高

苦瓜的苦味来源是苦瓜素，烹调后的苦瓜会有苦甘滋味，能促进食欲。绿色的山苦瓜与白苦瓜的营养成分没有很大差别，只是维生素 C 含量更高一些。烹调时，可尝试利用别的味道中和苦瓜的苦味，比如用梅子凉拌苦瓜（65°C以下的烹调方法不易破坏苦瓜的营养）；或做苦瓜鸡汤，让孩子从喝汤开始，一点儿一点儿习惯；或者在蔬果汁里慢慢增加苦瓜汁的量，甚至可以加点儿养乐多，让苦味不那么明显。

**山苦瓜**

体型最小但味道最苦，除了做料理，也会被加工做成苦瓜干。

mini COOK

### 带孩子了解蔬菜！

**苦瓜家族——青皮苦瓜、山苦瓜、翠玉苦瓜、苹果苦瓜**

苦瓜品种繁多，越绿越苦。常见的有口感较脆的青皮苦瓜、圆胖微甘的苹果苦瓜、苦味较淡的翠玉苦瓜，以及最苦但却能改善新陈代谢症候群的山苦瓜。选购时，除了要注意瓜型要完整、瓜瘤越明显越好之外，相同大小的苦瓜越重的越好。买回家的苦瓜若放在阴凉通风处，可放置 2~3 天。也可用塑料袋装好放入冰箱冷藏，约可保存 5 天。

Recipe

# 蜂蜜梅渍苦瓜

做成开胃菜减少苦味

**小孩食用注意**

苦瓜表面有凹凸的瘤状物，烹调前可先用清水浸泡，再轻轻刷洗，避免农药残留。高温烹调会破坏苦瓜的营养成分，建议多用凉拌、汆烫的方式，保留原本的营养价值，或尝试煮汤、红烧。千万不要用高温油炸，以免破坏苦瓜中的营养素，又吃进去过多的油脂与热量，对身体没有益处。

**食材**

苦瓜 1 根
蜂蜜 1 小匙
梅子醋 2 大匙
梅子粉 1 小匙

**做法**

1. 将苦瓜洗净，对半切开再切小片，放入开水锅中汆烫一下，然后捞起，放入冰水里冰镇。
2. 取一个干净的玻璃瓶或玻璃保鲜盒，放入沥干水分的苦瓜片，倒入梅子醋、蜂蜜、梅子粉摇匀，冷藏一夜。

## 去籽去膜减少苦味，换酱料也是好方法

除了用汆烫的方式去除苦味，将苦瓜对半切开后，先用汤匙把中间的籽挖干净，白色的膜也去掉，然后将苦瓜尽量切得薄一点儿并且冰镇一下，也能有效减少苦味。除了用梅渍的方法之外，淋花生酱也可以让苦瓜变美味。甜甜的或咸香的花生酱，能遮盖苦瓜的味道。

# 丝瓜

清热防夏季中暑

营养特点

## 所含营养素能抗发炎、抗氧化

水分饱足的丝瓜含有香豆酸、芹菜素、木犀草素等营养素，可以抗氧化、抗发炎。无论是中医还是西医，都认为丝瓜是盛夏的好食材，很适合火气大或者中暑感冒的孩子食用。特别值得一提的是，芹菜素还可减少紫外线辐射对皮肤的伤害。如果孩子热爱户外活动，建议运动结束后多吃丝瓜，可以保护皮肤。

变好吃！
做成鲜汤减少瓜味
食谱请见 P.90

还有更多丝瓜家族！

**澎湖丝瓜**

又称角瓜，比较脆，不软烂，味甜，水分多。若孩子害怕一般丝瓜的绵软口感，不妨尝试澎湖丝瓜。

盛产季　夏、秋（每年 5~9 月）

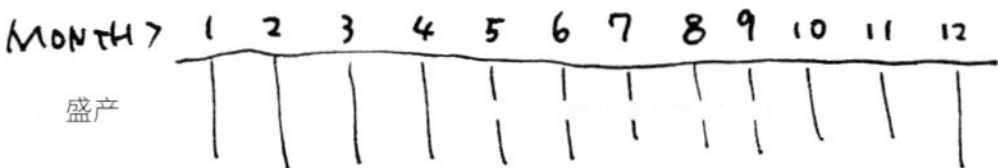


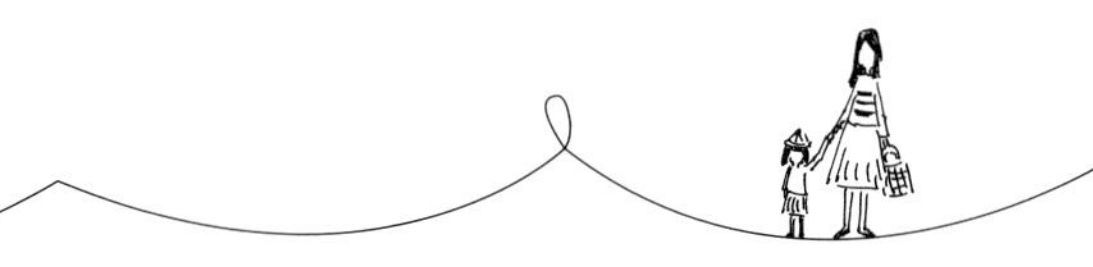

营养升级

## 与含铁食材共煮有利吸收

人们常把丝瓜与蛤蜊一起烹调，这的确是很不错的组合。因为蛤蜊富含铁质和牛磺酸，有助于恢复精神。若孩子喜欢吃蛤蜊，不妨用丝瓜蛤蜊煮面、煮粥或清炒。下页介绍的食谱，把丝瓜与枸杞、米线搭配组合，米线含有钠，丝瓜多水，很适合在炎炎夏日吃。柔软的米线很适合年龄较小的孩子食用，加上甜甜的枸杞，有消除疲劳、保护视力的功效。

**长瓜**

丝瓜的另一品种，味道和一般丝瓜差不多，但籽比较少。

mini COOK

## 带孩子了解蔬菜！

### 可吃可用的多用途丝瓜

有些孩子不喜欢丝瓜瓜囊的软烂口感，爸爸妈妈不妨带孩子一起试做丝瓜蒸蛋盅——把丝瓜装进小碗、倒入蛋液，变成创意料理。首先将丝瓜洗净，去掉外皮，切成 3~4 段，让孩子用汤匙把丝瓜的瓜囊挖空，然后把瓜囊切碎与蛋液混合调味，再倒回丝瓜内，蒸 10~15 分钟就完成了！除了丝瓜肉可以吃，丝瓜水也是解暑圣品（可喝可护肤），瓜囊还能做成丝瓜络。若有机会带孩子去农村游玩，带他们看看丝瓜攀藤的样子吧！

**小 孩 食 用 注 意**

丝瓜性凉，体质虚寒或肠胃不好的孩子不宜食用太多。此外，生丝瓜的纤维、木胶质、植物黏液会伤害肠胃，一定要将丝瓜完全煮熟透后再让孩子吃。烹调时可加点儿姜丝、姜片，减少寒凉属性对孩子的影响。

Recipe

## 丝瓜枸杞米线

做成鲜汤减少瓜味

食材

丝瓜 1 根
枸杞 1 大匙
米线 2 把
大蒜 2 瓣
姜 2 片
盐少许
植物油少许

做法

1. 丝瓜洗净并削皮，切成小块；姜切丝，大蒜切末，备用。
2. 锅置火上，将水煮开，放入米线，依照包装指示将米线煮软，捞起沥干。
3. 加热平底锅，倒入一匙油，先爆香姜丝和蒜末，然后加入丝瓜翻炒至半软，加少许开水煮开。
4. 将米线倒入平底锅中，起锅前用盐调味并撒入枸杞，加盖焖 1 分钟后关火。

## 枸杞可明目，又能为汤增加甜味

枸杞让汤多了一种不同的甜味，同时枸杞还是明目的好食材，也为这道料理增加了一点儿颜色。

除了买常见的圆筒丝瓜，有时不妨尝试买有一点儿脆感的澎湖角瓜做快炒料理，或许不爱丝瓜软烂口感的孩子会愿意吃。

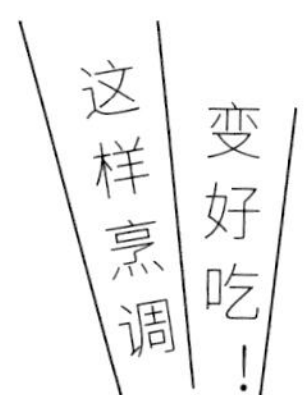

# 芋头

营养特点

## 含有综合维生素的好营养

芋头富含多糖，可增强免疫力。钾含量也较高，能帮助人体排出多余的钠。同时含有较多的膳食纤维，能促进肠胃蠕动。芋头不仅含有钙、镁、铁、锌、胡萝卜素、维生素 B、维生素 C 等营养素，还含有较多淀粉，对孩子来说，是营养非常丰富的食物。做成芋头米粉汤、芋头烧肉或芋头咸粥，可适当替代主食。

变好吃！
做成甜品减少纤维感
食谱请见 P.94

还有更多芋头家族！

**芋梗**

口感绵密、味道浓香，产地在台中大甲，大甲是台湾地区知名的芋头产地之一。

**金山芋头**

又被称为金包里芋，口感松软，香味浓郁，产地在台北金山。

盛产季　夏、秋（每年 7~10 月）

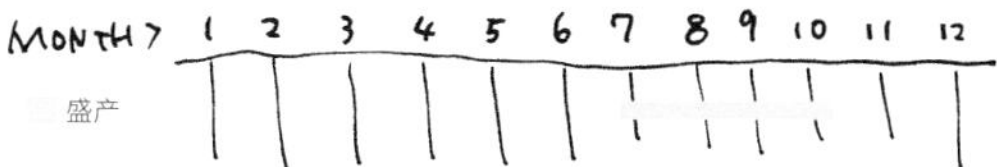


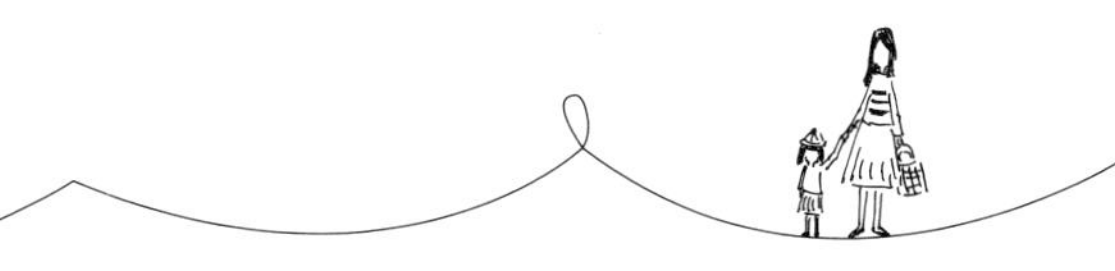

营养升级

## 维生素多可替换成主食

椰汁芋头西米露是很好的餐间点心，冷吃热吃都适宜。若孩子不喜欢椰汁，可用牛奶代替，也可再加点儿水果丁。此外，芋头中的黏质有助于肝脏解毒，并让紧张的肌肉、血管放松，妈妈们不妨多用芋头做点心。如果孩子不喜欢芋头特有的细丝口感，就将芋头磨成泥再做给孩子吃。

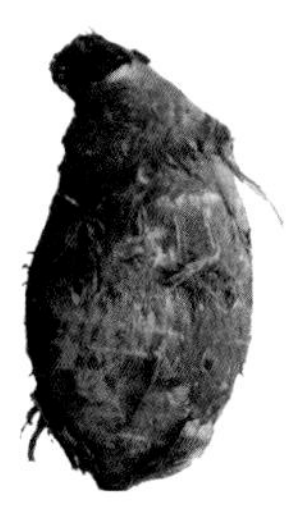

小芋头

又称山芋，是一种子芋，口感较劲道，适合直接蒸着吃。

mini COOK

### 带孩子了解蔬菜！

**读绘本《蔬菜躲猫猫》**

不同的蔬菜有不同的叶子，想想看锯齿状的叶子属于什么蔬菜？爱心型的叶子又属于什么蔬菜呢？引导孩子观察各种根茎类蔬菜的叶子吧。借助绘本带孩子发现，原来芋头也是藏在地下的，发现芋头的奥秘。台湾地区的台中大甲出产一种很知名的大甲芋头，口感绵密，很适合做点心的馅料，例如芋头酥、芋泥蛋糕、香Q芋圆等。

出版社：北京联合出版公司
出版日期：2016/03
作者：〔日〕tupera tupera

**小孩食用注意**

如果把芋头做成甜芋泥，要特别注意最好饭后再给孩子吃，因为芋头提供的饱腹感，容易让孩子吃不下正餐。

Recipe

做成甜品减少纤维感

# 椰汁芋头西米露

**食材**

芋头 250g
椰奶 100g
熟的甜玉米 100g
（玉米罐头亦可）
西米 50g
砂糖 30g
红薏仁 10g

**做法**

1. 先将红薏仁用水泡 6 小时，然后锅中放水，水煮开后放入红薏仁，焖煮 30 分钟。
2. 制作芋泥：将 100g 芋头去皮并刨成丝，平铺在盘中，放入电饭锅蒸软。
3. 将剩下的 150g 芋头切成小块。
4. 锅中放水，水煮开后加入西米，不断翻搅，将西米煮至表面透明后捞出，用冷开水冲洗降温，冷却后沥去水分。
5. 锅中放 600g 水煮开，加入**做法 3** 的芋头块煮 3 分钟，然后加入西米、红薏仁、玉米、芋泥再次煮开。
6. 加入椰奶拌匀即可熄火。

## 磨成泥或稍微油炸改变口感

有些孩子不喜欢芋头特有的细丝纤维，不妨将芋头做成芋泥让孩子尝试。做成甜品的接受度也会比较高，又能加入杂粮类食材，营养更丰富。如果孩子不喜欢芋头煮汤后会化开、变黏的口感，可以用 150~160℃的油温将芋头炸 2 分钟后再给孩子吃。

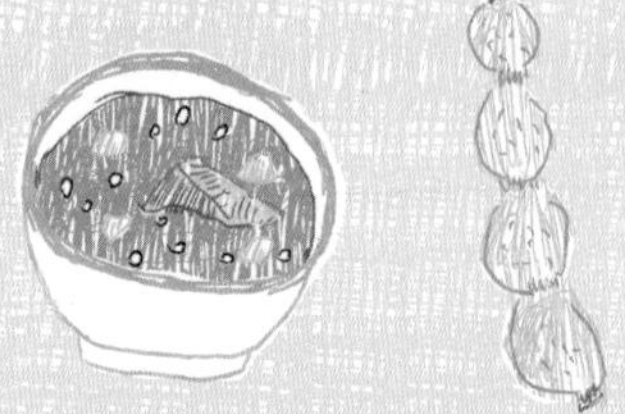

# 2-3

# 秋季蔬菜

# 莲藕

钾及维生素C含量高

营养特点

## 所含糖分能增加肠道益生菌

莲藕是一种水生根茎类蔬菜，淀粉含量较高，能提供较多热量。钾含量也比较高，对预防心血管疾病、降血压有帮助。每 100g 莲藕含有 44mg 维生素 C，与橙子、橘子的维生素 C 含量相当。莲藕还含有一种糖蛋白，可提高免疫力。也有研究报告指出，莲藕分解后会产生半乳糖、鼠李糖和阿拉伯糖，能有效增加肠道益生菌。此外，莲藕中的多酚和单宁酸，有利于代谢血液和肝脏中的脂肪，对于超重的孩子来说，是可以替换主食的食物。

变好吃！
做成甜品更好嚼
食谱请见 P.100

**认识藕孔**

切开后的莲藕，中心会有一个一个的洞，即为藕孔。右边的莲藕藕孔比较大，吃起来会更多汁。

盛产季　秋、冬（每年 9 月至来年 2 月）

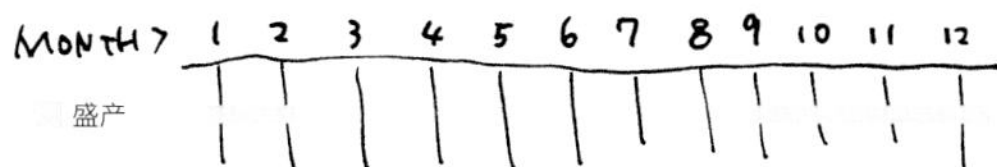


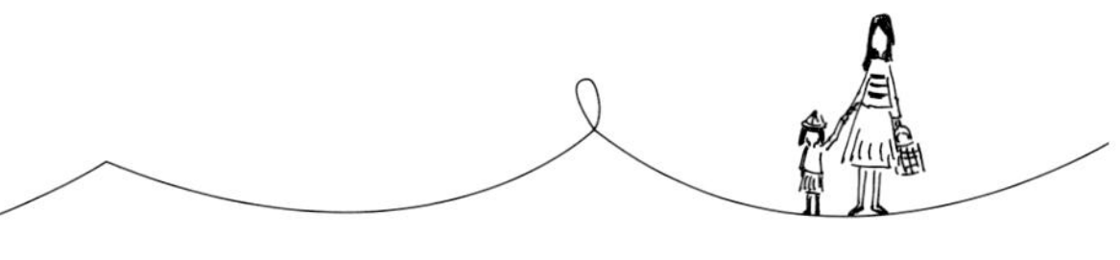

营养升级

## 需控制体重者可当主食

中医认为，莲藕能消食止泻、助消化，将莲藕、圆糯米、芒果酱做成蜜汁莲藕，刚好可以调节圆糯米容易造成胀气的问题。若家中有不爱吃米饭的孩子，可偶尔用莲藕代替白米饭。莲藕除了含有淀粉，还有米饭没有的维生素 C。

mini COOK

带孩子了解蔬菜！

**读童谣《一园青菜成了精》**

用童谣的方式，将安静的菜园变成了热闹的战场，每种蔬菜的性格特点都很鲜明。书中描写莲藕战败时，因来不及逃跑，钻进了烂泥坑——烂泥坑正是莲藕喜欢的生长环境。可以借助绘本带孩子认识各种蔬菜的特点，并用想象力将这些特点变成独家武器。莲藕是地下根茎，其叶子是荷叶，花朵是莲花、荷花，果实是莲蓬，种子则是莲子，是全株都有用途的根茎类作物。

出版社：明天出版社
出版日期：2008/08
作者：编自北方童谣，周翔绘

# 蜜汁莲藕

Recipe

做成甜品让莲藕变好嚼

**小孩食用注意**

莲藕生长在泥土里，难免会有泥沙残留在表皮，烹调前要格外注意清洗干净。已经洗过的莲藕，建议随即烹煮食用，不要再保存，以避免变质。

食材

莲藕 1 个
圆糯米 100~150g
（依莲藕大小不同做增减）
冰糖 200g
桂花酱 10g
芒果酱 30g

做法

1. 先将圆糯米洗净，用水泡 3 小时，沥干备用。
2. 洗净莲藕，去除头部，在孔内填入糯米（约八分满）；将去除的头部用牙签与填好糯米的莲藕连在一起。
3. 将莲藕放入器皿中，倒入适量水（水应没过莲藕），放入锅中蒸 1 小时；加入冰糖，续蒸 30 分钟后取出，切片。
4. 加热平底锅，放入莲藕片，加入桂花酱和芒果酱，小火煮至浓稠并收汁，约 10 分钟后关火。

## 用甜酱汁让孩子尝试莲藕的不同口感

吃腻了莲藕排骨汤？把莲藕做成甜品吸引孩子吧！利用讨喜的酱汁与糯米，让莲藕变软、变好嚼，这种软度小小孩也可以吃。此外，将糯米填入莲藕的工作，不妨请孩子协助完成，还可以让孩子观察莲藕中间的空洞部分，只要引起他们的兴趣，就会让食物的可口度增加百倍！

# 菱角

常运动的孩子可多吃

营养特点

## 钾含量高，可辅助肌肉收缩

每 100g 菱角含有 437mg 钾，是含钾量非常高的蔬菜。钾能辅助孩子的骨骼、肌肉正常收缩，有大量运动的习惯或常进行体力活动的孩子，要多吃含钾丰富的食物。另外，现代人叫外卖或外出就餐比较多，钠摄入量较高，需要多吃钾含量丰富的食物平衡。菱角蛋白质和淀粉含量也很高，用水煮一下就是很棒的天然点心。

变好吃！
做成沙拉改变口感
食谱请见 P.104

台南官田出产的菱角。

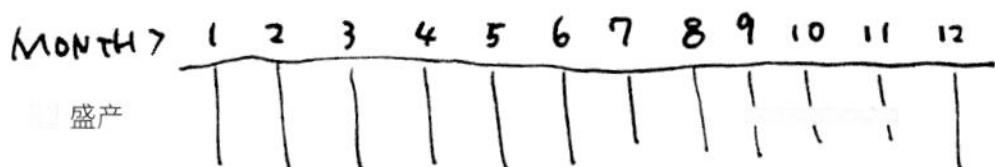


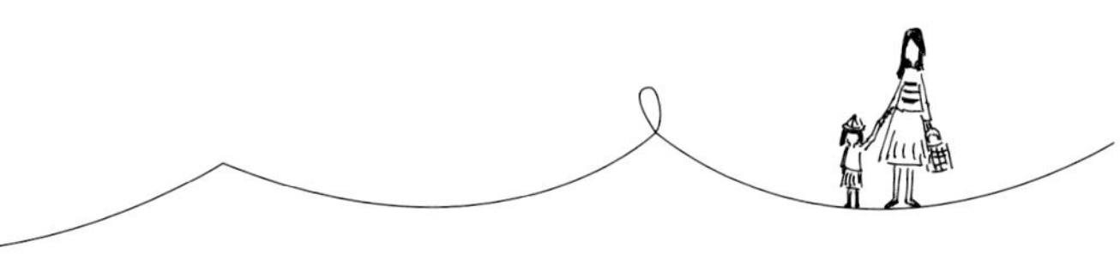


营养升级

## 与蔬菜同煮增加叶酸含量

菱角很适合煮汤和红烧，是多煮一会儿也无妨的食物，做成甜品当点心也很好吃。下页介绍的菱角苹果沙拉是一道营养价值很高的料理，很适合和酸奶一起吃，有益于肠道健康。菱角胡萝卜素和叶酸含量较少，加入胡萝卜和豌豆一起食用，可以同时摄入胡萝卜素和叶酸，营养更均衡，营养价值也更高。

**水煮菱角的诀窍**

如果买了带壳的菱角，建议将菱角放在汤锅中，注入八分满的水，煮40~60 分钟，煮熟后再在菱角表面撒盐。

mini COOK

### 带孩子了解蔬菜！

**厨事游戏：菱角怎么剥？**

菱角的形状特别，像金元宝和翘翘的胡子，也像牛角。可以启发孩子想象菱角像什么，引导他们说出来，之后再一起动手剥菱角。爸爸妈妈先用剪刀将菱角的两个角剪钝，再用刀将菱角切个口，然后让孩子用两只手握住菱角两侧的圆弧处，用力向下压，就能剥出漂亮的菱角了！此外，又黑又硬的菱角是生长在水田里的，台南官田是台湾地区菱角的重要产地之一。

Recipe

# 菱角苹果沙拉

松软又脆甜的双重口感

**小孩食用注意**

100g 菱角（约 8 个）含 101kcal 热量，比米饭热量稍低（100g 米饭所含热量大约为 140kcal），又提供了米饭没有的膳食纤维，是孩子很好的课后点心。但如果孩子体重过重，食用量就要注意了。

食材

菱角 200g（亦可买蒸熟的去壳菱角）
苹果 1 个
冷冻蔬菜 100g（胡萝卜丁、豌豆、玉米皆可）
美乃滋 100g（一种调味酱）

做法

1. 锅中加水，放入菱角，煮 40~60 分钟。
2. 将苹果洗净削皮，切成丁泡入盐水中，防止氧化变色。
3. 锅中放水，水开后倒入冷冻蔬菜，汆熟后沥干水分。
4. 取一大碗，加入冷冻蔬菜、菱角、苹果丁、美乃滋拌匀。

## 利用讨喜的苹果做容器，填入菱角做成沙拉盅

除了煮菱角排骨汤，把菱角做成沙拉也很好吃！菱角煮熟后的松软感和苹果的脆感形成对比，对孩子来说是种新鲜的感觉。除了把苹果切成丁，还可以另外准备几个苹果当容器，让孩子把果肉挖空，再填入沙拉，做成沙拉盅，无论是味道还是造型都很吸引人。

# 茼蒿

保护眼睛预防干眼症

营养特点

## 其营养能护眼 & 预防干眼症

茼蒿富含 α-胡萝卜素、β-胡萝卜素、钙、钾等营养素，能保护视力并预防干眼症，对于常使用电子产品的现代小孩来说，是不错的护眼蔬菜。此外，每 100g 茼蒿含有 1.6g 膳食纤维，是摄取膳食纤维颇为理想的食物之一。茼蒿含有挥发性物质，所以加热时会散发出独有的气味，能帮助唾液分泌、增强孩子的食欲，还有安神的作用。

变好吃！
减少苦味做成盖饭
食谱请见 P.108

还有更多茼蒿家族！

### 水茼蒿

水茼蒿烹调后仍然能保持爽脆度，维生素 C 含量很高。

### 山茼蒿

又称日本茼蒿，叶片呈锯叶状，香气比其他品种的茼蒿浓烈，口感也较粗。

盛产季　秋、冬、春（每年 10 月至来年 4 月）

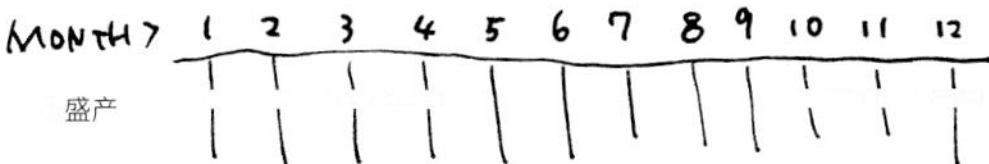


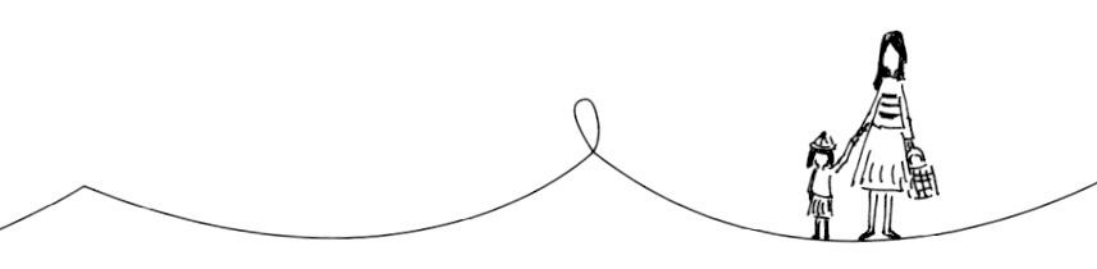

营养升级

## 搭配富含维生素 C 的食材促进铁吸收

茼蒿富含钾离子和铁离子，可帮助调节代谢、改善造血功能。烹调时就能明显看到茼蒿中丰富的铁质，比如煮火锅或煮汤时，铁质释放会使汤底颜色变得稍显灰黑色。建议同餐搭配富含维生素 C 的蔬菜一起烹调，如甜椒、绿豆芽、辣椒等，以帮助铁质吸收。

mini COOK

带孩子了解蔬菜！

**饮食文化：“打某菜”**

茼蒿品种繁多，除了普通茼蒿，还有山茼蒿、水茼蒿，不仅味道不一样，模样也有点儿不一样。你知道茼蒿为什么又叫“打某菜”吗？相传以前有个农夫，从菜园中采了一大把茼蒿回家给妻子烹调，没想到端上桌后居然只剩一小盘，农夫以为妻子边做菜边偷吃，一怒之下便打了妻子一顿，从此茼蒿就叫“打某菜”了。其实是因为富含水分的茼蒿遇热后细胞崩解，水分大量流失，才使一大把茼蒿炒熟后只有一点点了，并不是被谁偷吃了！

| 蔬菜名称 / 营养素名称 | 山茼蒿 | 茼蒿 |
| --- | --- | --- |
| 钾 | 520mg | 362mg |
| 钙 | 83mg | 46mg |
| 铁 | 4.2mg | 1.5mg |
| 维生素 A 总量 | 19049I.U. | 4388I.U. |

注：以上营养素以每 100g 可食部含量计算。

# 茼蒿滑蛋盖饭

Recipe

做成盖饭减少苦味

**小孩食用注意**

茼蒿的农药残留量很高，所以烹调前一定要洗干净。先将茼蒿叶摘下，再用流动的清水轻柔冲洗。如果铁质让汤变得灰黑而不喜欢煮汤（或许有些孩子不喜欢这样的颜色），建议晚一些放入茼蒿，煮汤的时间也不要太长，就能避免这种情况。

食材

茼蒿 1 把
干香菇 3 朵
洋葱 ¼ 颗
鸡蛋 1 个
嫩豆腐 ¼ 盒
酱油 1 大匙
味噌 1 大匙
葱花 1 大匙
白芝麻 1 小匙
糙米饭 1 碗
植物油少许

做法

1. 将干香菇泡入水中，先软化再去梗切片（香菇水保留，备用）。
2. 茼蒿洗净，去除根部，切小段；洋葱切细条状；豆腐切小块。
3. 炒锅加油烧热，将香菇、洋葱放入锅中炒香，加入香菇水、酱油、味噌煮到洋葱软化。
4. 起锅前 5 分钟加入嫩豆腐、茼蒿、葱花拌匀。
5. 淋上打散的蛋液，煮至半熟起锅，盛在糙米饭上，撒上白芝麻。

## 用味噌和酱油减少茼蒿味

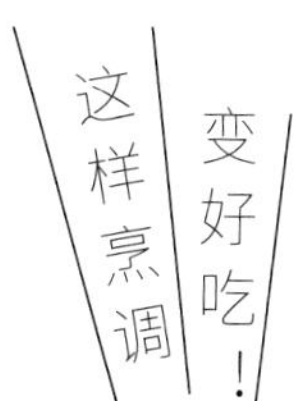


茼蒿有一种特殊的苦味，所以在上文介绍的茼蒿盖饭里加了味噌和酱油调味，遮盖小朋友不喜欢的味道。而且，煮得软软的茼蒿，和很讨喜的滑蛋一起吃非常顺滑好入口。

此外，这道盖饭改用了比白米更有营养的糙米，糙米含有膳食纤维、B 族维生素、维生素 E 和矿物质等营养素。当然，也可以加些不同的谷类或杂粮一起煮。

# 生菜

纤维细且矿物质多

营养特点

## 矿物质配合铁质有益造血

生菜又被称为美生菜，其含水量高、口感爽脆但纤维含量略少，吃起来比较细嫩，是孩子容易吞咽的蔬菜，常被用来做沙拉或夹在三明治、汉堡里。生菜含有铁、硫、硅、磷等多种矿物质，能促进皮肤、指甲、毛发生长，还可帮助造血。此外，生菜中的维生素 C 可阻断食物中的亚硝胺生成，是天然的亚硝酸盐阻断剂。可用生菜叶包烤肉吃，因为烤肉时最易出现亚硝胺，用生菜包肉一起吃，既解腻又有益健康。

变好吃！

做成沙拉减少涩味

食谱请见 P.112

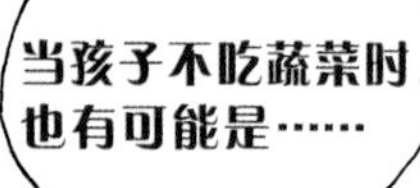


极少数人可能对生菜过敏，爸爸妈妈们可以观察孩子吃后的反应，比如是否眼睛红痒或痛、恶心、腹泻、皮肤瘙痒、口唇发红、唇舌肿胀、流鼻涕等，有时孩子不吃蔬菜有可能是因为对蔬菜过敏。

盛产季　秋、冬、春（每年 10 月至来年 3 月）

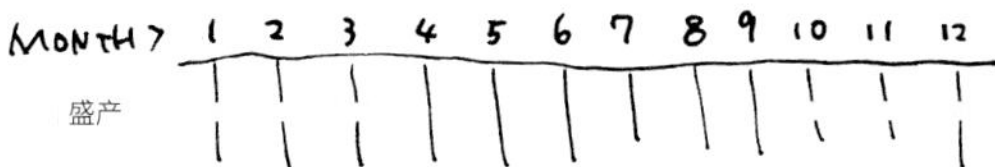


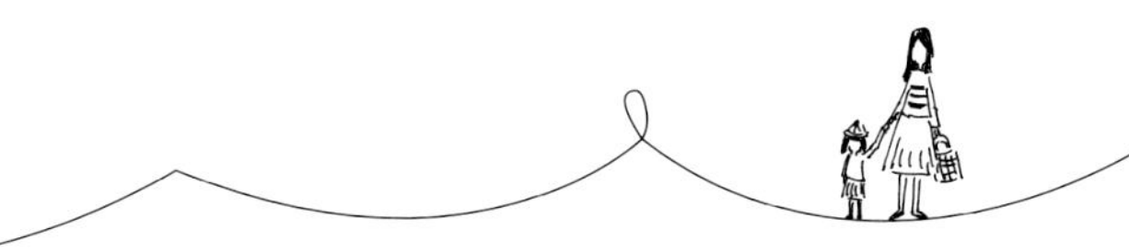

营养升级

## 搭配酸味水果能帮助钙吸收

生菜的钙含量并不少，烹调时加一点儿醋，或像下页介绍的食谱那样做成色彩缤纷、适合夏天吃的沙拉，同一餐搭配柠檬、凤梨、奇异果等酸味水果，可增加钙的吸收率。此外，生菜谷胱甘肽含量也较多，可帮助肝脏解毒。家里如果有榨蔬果汁的习惯，可以将生菜和其他蔬果一起榨成汁。

还有更多生菜家族！

**奶油生菜**

此种生菜的茎叶含有丰富的乳白色汁液，口感软嫩且有淡淡的香甜味道，故得此名。

mini COOK

### 带孩子了解蔬菜！

**到农庄认识本地蔬菜**

盛产于秋冬季的生菜，不仅爽脆可口而且种类繁多，带孩子去农庄认识不同品种的差别，一起讨论或了解怎样在不使用农药的情况下保护生菜远离虫害。除此之外，在农庄可以看到家乡这块沃土长出来的作物多元、丰富、美味，增加孩子对本地蔬菜的认知。

Recipe

色彩缤纷超吸睛

# 生菜水果沙拉

**小 孩 食 用 注 意**

建议买整棵生菜，制作沙拉前，先用流动的水冲洗，再用 80℃的水烫至少 5 分钟，这样既能保有生菜爽脆的口感和营养，又能避免病从口入。分享一个简单的做法：若家中有饮水机，不用测量温度，直接用饮水机的热水将生菜泡 3 分钟以上即可。

**食材**

生菜 1 棵
当季水果丁 1 杯
坚果 2 大匙
意大利香醋 3 大匙
蜂蜜 1 小匙

**做法**

1. 将生菜一片片剥下，用流动的水洗净。
2. 浓缩香醋酱：将意大利香醋倒入小锅中煮开，稍冷却后加入蜂蜜搅拌均匀。
3. 将水果丁摆放在生菜叶上。
4. 将坚果打碎，撒在水果丁上，再淋上**做法 2** 的浓缩香醋酱。

## 叶片当小船，自由盛料佐酸甜酱

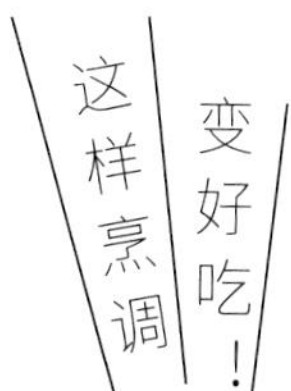


有些孩子不喜欢拌炒后叶片变软而且带点儿苦味的生菜，不妨用生食的方式试试看。用生菜的叶片做小船，盛装孩子喜爱的各式水果（切成丁），淋上香醋酱，吃起来味道酸酸甜甜，菜味马上就不见了。除了佐搭清爽的水果之外，也可以将生菜叶直接夹入汉堡中，或者炒一点儿肉末，变成不同的咸口味的菜品。

# 西蓝花

十字花科之王

营养特点

## 富含维生素 C 和钙，可抗氧化降血压

西蓝花被喻为十字花科之王，富含多种营养素，包括对孩子发育很有帮助的钙，以及叶酸、维生素 C、铁、钾等。以维生素 C 为例，每 100g 西蓝花（约 10 朵）含有 56mg 维生素 C，1~3 岁的小朋友每天只要吃 7 朵、4~10 岁的小朋友吃 9~12 朵，就能摄取到每日所需维生素 C。

变好吃！
做成焗烤减少菜味
食谱请见 P.116

**儿童每日维生素 C 量**

| 年龄 \ 营养素名称及单位 | 维生素 C（mg） |
|---|---|
| 1~3 岁 | 40 |
| 4~6 岁 | 50 |
| 7~10 岁 | 65 |
| 11~13 岁 | 90 |

注：每 1 朵西蓝花含有 5.6mg 维生素 C，可以此类推每日摄取量。

盛产季　秋、冬、春（每年 10 月至来年 4 月）

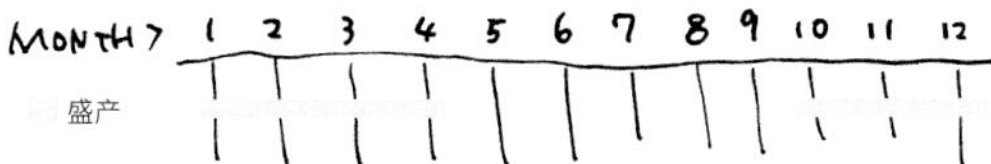


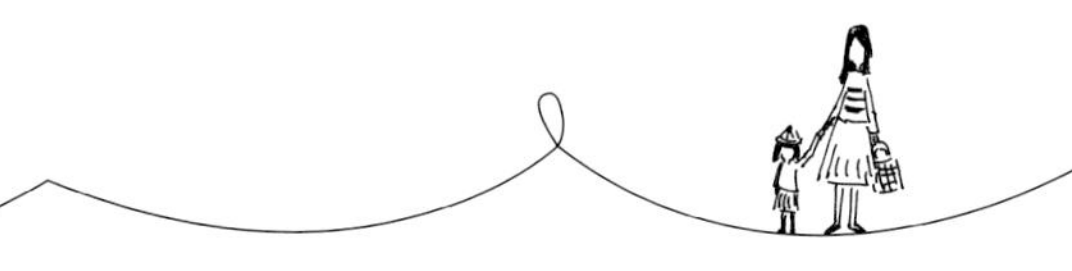

营养升级

## 不要煮太久以保留营养

每 100g 西蓝花（约 10 朵）含有 3.4g 膳食纤维，比一碗糙米饭的膳食纤维含量还要多，是很好的膳食纤维来源。西蓝花的食用方法多样，比如切成一朵朵像绿色的小树，稍微烫熟就让孩子吃，能使抗癌前体物质芥子酶保持活性；或者与生的西蓝花芽一起吃，芽苗里的酵素物质能让西蓝花中的萝卜苷转化为萝卜硫素，提升防癌效果。

mini COOK

带孩子了解蔬菜！

读绘本《奶奶的菜园》

我们所吃的西蓝花，其实是它的花苞！农夫会在西蓝花尚未开花时就将其采收，那西蓝花开花时又是什么样子呢？借助绘本引导孩子认识农田里的小花园，并观察每种植物都会长出不同的花，种类相近的植物会开出很类似的花！除了西蓝花，带孩子去市场时，可以顺便认识白色的花菜、瘦瘦长长的青花笋，以及各种颜色的进口花菜。

出版社：文化发展出版社
出版日期：2010/10/04
作者：〔日〕广野多珂子

除了西蓝花，还有较细嫩的花菜。

西蓝花在土地里生长的模样。

Recipe

有奶酪香的可爱『小树』

# 焗烤西蓝花

**小孩食用注意**

西蓝花是产气食物，含有不容易被肠道消化分解的寡糖。建议试着给孩子吃吃看，若孩子有胀气不适的情况应避免食用。冷冻西蓝花是先高温杀菌再急速冷冻制作而成的，营养价值也很高。烹调时不需要解冻，直接煮即可，以免营养素在解冻过程中流失。

**食材**

西蓝花 1 株
披萨用奶酪 ½ 杯
盐 1 小匙
橄榄油 1 大匙

**做法**

1. 将西蓝花洗净，削成小朵。
2. 锅中加水和盐，水煮开放入西蓝花汆烫 5 分钟，使其软化。
3. 将烤箱预热至 200°C，在烤盘上铺上烘焙纸，放上西蓝花，淋上橄榄油，进烤箱烤约 10 分钟。
4. 将西蓝花取出，撒上奶酪，回烤 2 分钟即可。

## 用讨喜的奶酪丝让“小树”变好吃

西蓝花也是部分孩子不爱吃的蔬菜之一，不妨带孩子一起做这道焗烤料理吧！奶酪香气会让孩子更好入口；也能像玩游戏一样，鼓励孩子把一棵棵青翠的“小树”吃下肚。可以加些其他汆烫过的蔬菜一起烤。

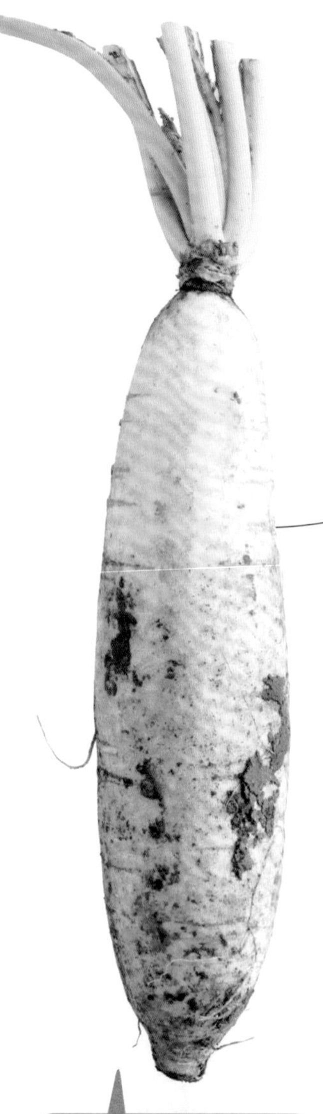

# 白萝卜

止咳化痰的十月小人参

营养特点

## 止咳化痰助消化

有句谚语这么说：冬吃萝卜夏吃姜，一年四季保平安。十字花科的白萝卜含有硫氰酸酯、萝卜苷、吲哚等营养素，中医认为可消胀气、助消化、止咳化痰、清热解毒，甚至被誉为“十月小人参”，当季时可让孩子多吃。白萝卜的水分含量相当高，而且烹调后口感软软的，孩子好入口、容易咀嚼，无论是煮汤还是炒食，都很适合与其他餐点搭配吃。

变好吃！
做成糕点减少生味
食谱请见 P.120

还有更多白萝卜家族！

**白玉萝卜**

吃起来细致甘甜，可以晒成干或腌渍。

盛产季　秋、冬（每年9月至来年2月）

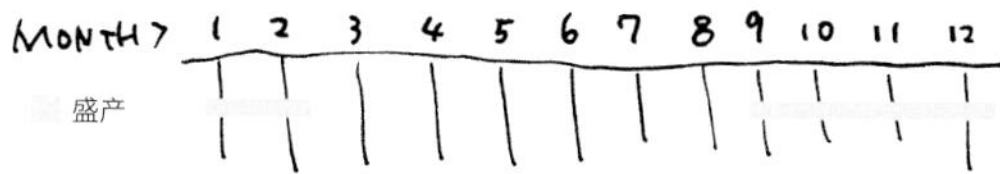

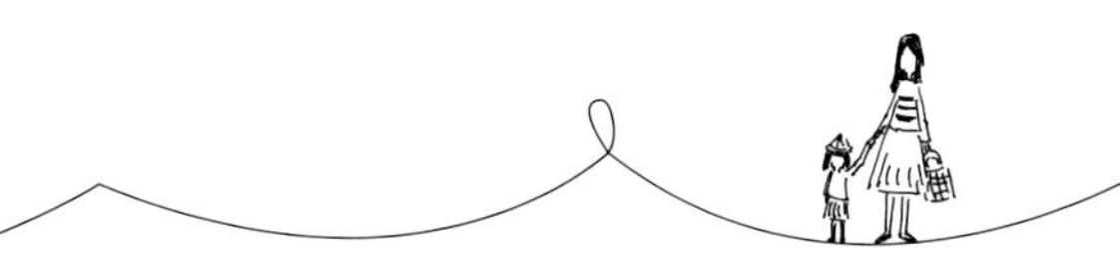


营养升级

## 做成酸酸甜甜的开胃菜

冬季盛产时，不妨将白萝卜晒成萝卜干或向有信誉的商家买自制菜脯，加上也是冬季盛产的大芥菜一起煮汤，提升免疫功能，让孩子适度吃一些暖身食补。也可以将白萝卜腌起来做泡菜，例如用梅子腌白萝卜，加入醋、糖一起腌，酸酸甜甜的或用味噌腌，当成开胃菜，不仅能刺激胃酸分泌，也能促进小朋友的食欲。

**紫皮萝卜**

外皮是漂亮的浅紫色，但切开后里面仍是白色的，味道和白萝卜差不多。

mini COOK

带孩子了解蔬菜！

**厨事游戏：白萝卜苦苦的怎么办？**

生的白萝卜吃起来苦苦的，是因为萝卜皮中有一层芥子油。只要用刀在萝卜上划一条线，再用汤匙边缘去掉萝卜皮，就能将苦味去掉了！可以指导比较大的孩子自己把白萝卜皮去掉，除了可以训练孩子的小肌肉外，还能增加他们的参与感！另外，萝卜皮还可以用于腌制小菜或加入味噌汤里煮，这些小方法能让孩子学习如何让食材物尽其用、不浪费。

采收后的白萝卜。

# 原味萝卜糕

Recipe

品尝白萝卜的清甜

**小孩食用注意**

若孩子正在服用中药，不宜吃白萝卜，以免妨碍药效发挥。感冒或有胃炎的孩子也不宜吃白萝卜。

**食材**

白萝卜 450g
洋葱 150g
米粉 200g
盐 2 小匙
橄榄油 1 大匙

**做法**

1. 将白萝卜去皮、刨成细丝，洋葱切丁，备用。
2. 在平底锅中倒入橄榄油加热，放入洋葱丁和盐，用中小火炒至透明。
3. 放入白萝卜丝，与洋葱丁一起炒香。
4. 加水（淹过食材）继续煮，煮开后盖上锅盖焖煮 10 分钟。
5. 将米粉用200g水调匀，倒入**做法4**中，转小火，拌匀。
6. 将**做法5**的食材倒入长方形烤模中，放入电饭锅蒸 40~60 分钟后取出。

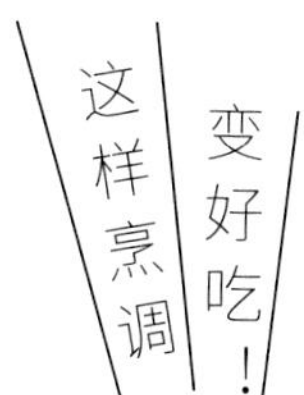


## 刨丝做成糕，小小好入口

自己在家也能做出好吃的萝卜糕哦！在盛产白萝卜的冬季，和孩子一起做这道原味萝卜糕吧！做好的萝卜糕放凉后，可以切片煎得香香的，或加蛋和葱花一起煎香，都是很受小朋友喜爱的料理。

# 大番茄

抗氧化又提升免疫力

营养特点

## 整个吃能摄取双重纤维

番茄有许多为人熟知的营养素，例如抗氧化作用绝佳的番茄红素、能增强免疫力和提升活力的维生素 C，以及对孩子视力有益的 α-胡萝卜素和 β-胡萝卜素。番茄的皮是非水溶性纤维，切开后中心水水的部分则是水溶性纤维，两者都摄取，对排便顺畅很有帮助。只要一天吃一个大番茄或 20 个小番茄，就可以成功摄取到每日所需的番茄红素量。

变好吃！
做成点心改变口感
食谱请见 P.124

还有更多番茄家族！

**黄番茄**

外皮是黄色的，味道清甜，适合直接当水果吃。

**圣女番茄**

甜度比大番茄高，也适用下页介绍的料理做法，烤着吃很甜。

盛产季　秋、冬、春（每年 11 月至来年 4 月）

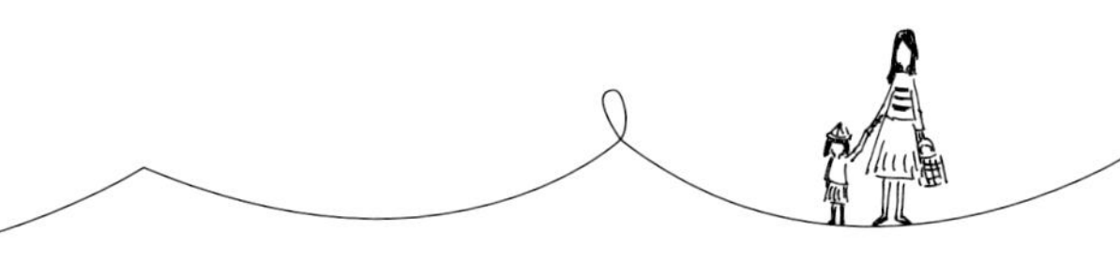

营养升级

## 与油脂同煮促进番茄红素吸收

生吃番茄维生素 C 摄取量会较高，而煮熟后食用则可摄取较多番茄红素，两种吃法各有好处。烹调番茄时，建议利用油脂爆香或淋点儿油放入烤箱烤，或者煮成酱汁或高汤，较能促进番茄红素和胡萝卜素的吸收。番茄也能与奶酪夹在一起吃，不像甜食面包只有热量，而是富含维生素、矿物质的高营养密度的优质点心。

**黑柿番茄**

深绿略带红色，常用来做番茄炒蛋或热炒料理。

mini COOK

带孩子了解蔬菜！

**读绘本**
**《我绝对绝对不吃番茄》**

孩子挑食，其中一个原因是他对食材不熟悉，借助《我绝对绝对不吃番茄》中的主角——查理和他的妹妹劳拉，一起将食物想象成各式各样有趣的东西或帮食物命名，爸爸妈妈在家中也可以和孩子一起为食物命名，增加孩子对食物的好感。

出版社：接力出版社
出版日期：2013/04
作者：〔英〕罗伦·乔尔德

**小孩食用注意**

肠胃功能比较弱的孩子，建议不要空腹吃番茄，以免番茄中的物质与胃酸结合，引起胃部不适。此外，让孩子喝番茄汁摄取营养也是好方法，只要使用的番茄量够，孩子就能摄取到不少番茄红素。番茄汁是很适合给孩子喝的饮料。

Recipe

做成点心改变口感与酸味

# 意式风味烤番茄

食材

[ 蒜油 ]
大蒜 2 瓣
橄榄油 2 大匙
大番茄 300g
意大利陈年香醋 2 大匙
盐 1 小匙
糖 1 小匙
橄榄油适量

前置作业

制作蒜油：先将大蒜洗净切成末，与橄榄油一起放入平底锅中，用小火加热至香味出来，再过滤掉大蒜末就完成了。

做法

1. 先将烤箱预热至 160°C，将橄榄油、意大利陈年香醋、盐、糖、蒜油倒入小碗中混合。
2. 将大番茄洗净切块，放入烤盘，倒入混合好的**做法 1** 的酱料，放入烤箱中烤 1 小时。
3. 烤好的番茄块可搭配小饼干或面包片一起享用。

## 加香料烘焙，让酸味变成甜味

酸酸的番茄很容易让孩子心生畏惧，许多孩子不太喜欢番茄的味道，妈妈们不妨尝试这道超简单的烤箱料理，用烤番茄征服小朋友的胃（烤番茄非常适合做小朋友的餐间点心）。用意大利陈年香醋、盐、糖把蕃茄酸酸的味道转化掉，用低温烘烤的方式，反而更能提升番茄的香甜滋味。改用小番茄也可以！

# 芹菜

营养特点

## 含有类黄酮，能减轻炎症反应

一般人对芹菜的印象都是纤维含量很高，其实它的纤维含量和卷心菜差不多。芹菜含钾、钙较多，钾能帮助人体排除多余的钠、降低血压并保护血管，钙则有助于孩子骨骼强健。此外，芹菜含有类黄酮，能够减轻炎症反应，适合肠胃功能较弱的孩子食用。只要注意把芹菜切小一些且炒熟，使植物纤维软化，就比较好消化。

**变好吃！**
做成三明治夹馅更好嚼
食谱请见 P.128

芹菜的茎管必须保有水分才新鲜。

**盛产季**　秋、冬、春（每年 10 月至来年 4 月）

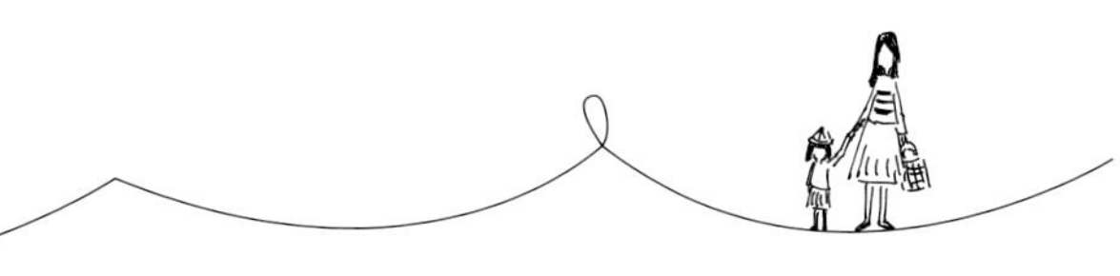

营养升级

## 保留芹菜叶烹调更加分

我们从小吃芹菜，通常摘掉叶子不吃，其实很可惜。虽然芹菜叶有点儿苦，但和芹菜茎比起来，所含营养素却更惊人。芹菜叶中的胡萝卜素含量是芹菜茎的 88 倍，维生素 $B_1$ 含量则是茎的 17 倍，钙含量也是茎的 2 倍以上。因此，建议烹调时保留芹菜叶，比如将芹菜叶切碎与面粉煎成饼，或加入蛋液中煎蛋或烘蛋，煮面时加点儿芹菜叶，让孩子营养更加分。

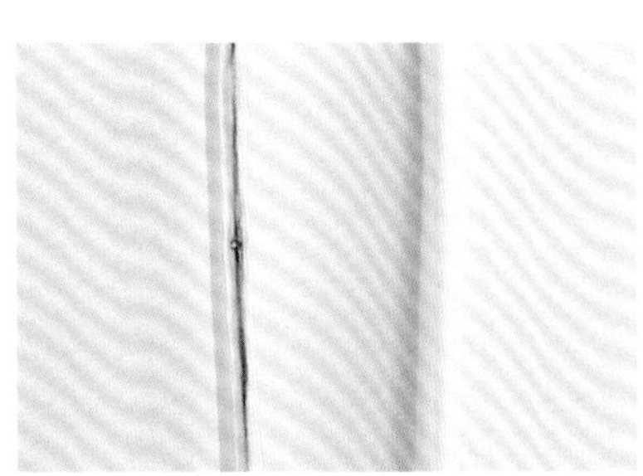

茎部呈浅绿色的芹菜会比较嫩。

mini COOK

### 带孩子了解蔬菜！

**芹菜叶可做成零厨余料理**

选购芹菜时，要挑选叶片翠绿不泛黄，气味浓烈，菜梗粗壮、无斑点，用手轻捏感觉硬实的，吃起来会比较香脆。买回家后，可将芹菜包入牛皮纸后再装入塑料袋中，放入冰箱蔬果室中冷藏，可保存 3~6 天。一般除了食用芹菜茎，芹菜叶也能入菜，可以将芹菜叶切得碎碎的拌入蛋液中，做成芹菜炒蛋或煎蛋，是妈妈们可以试做的快速料理。

Recipe

做成三明治夹馅更好嚼

# 西芹脆苹三明治

食材

富士苹果 ½ 个
西芹 2 把
香菇 6 朵
大蒜 4 瓣
姜末 1 大匙
盐 1 小匙
植物油少许
香油 ½ 小匙
全麦吐司 4 片
熟腰果 1 大匙
葡萄干少许

做法

1. 将西芹洗净，去除粗梗，切成小段；大蒜切末，香菇切片，备用。
2. 将平底锅加热，倒入植物油，放入大蒜末、姜末，以中火炒出香味，再加香菇片炒香。
3. 加入西芹，炒软，起锅前加盐及香油。
4. 将苹果切片，与炒好的西芹、熟腰果、葡萄干一起夹入全麦吐司中。

## 改用熟食烹调，让芹菜纤维软化好食用

这道食谱选用的是西芹。西芹是从欧洲引进的芹菜品种，与本土芹菜相比，纤维更丰富。做三明治之前，不妨先将芹菜炒一下，再加入香菇，以增添滑顺口感及香味，让孩子吃吃看。这道三明治搭配牛奶或酸奶一起吃，能同时摄取植物性钙和动物性钙。制作时若另加入适量花生酱，富含必需脂肪酸的油脂会让芹菜纤维更好入口。

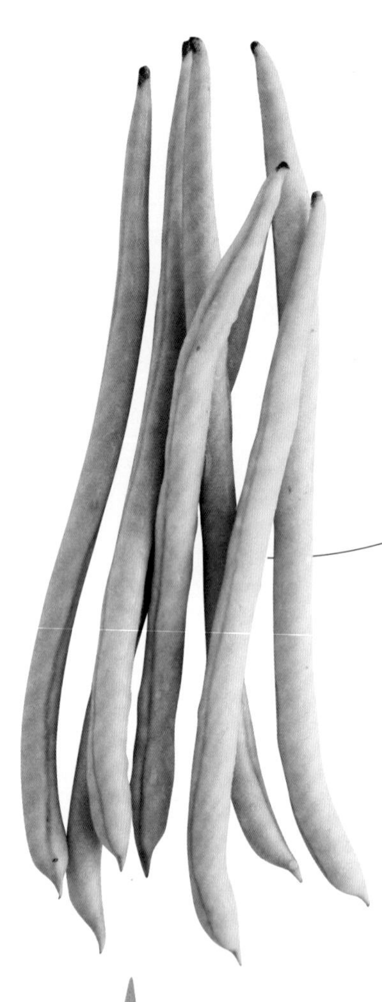

# 四季豆

富含多种矿物质和维生素

营养特点

## 双重好纤维，利于排便

四季豆含有钾、钙、镁、铁、锌，以及维生素C、胡萝卜素和B族维生素，是营养丰富且均衡的蔬菜。四季豆含有水溶性与非水溶性纤维，对孩子顺畅排便很有帮助。需要注意的是，四季豆里有植物细胞凝集素，若没有煮熟就吃，可能会产生恶心、头痛、头晕、腹泻等中毒现象。建议将四季豆煮10分钟以上，确保煮熟后再吃或煮熟之后再炒食。

变好吃！
做成零食减少豆味
食谱请见 P.132

还有更多豆类家族！

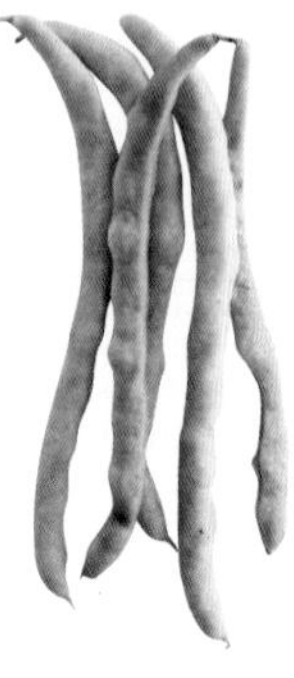

**粉豆**

体型比四季豆大，但吃起来却是嫩嫩的，故称“粉豆”。

盛产季　秋、冬、春（每年 10 月至来年 4 月）

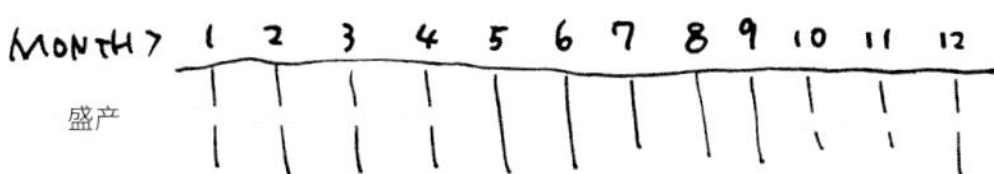


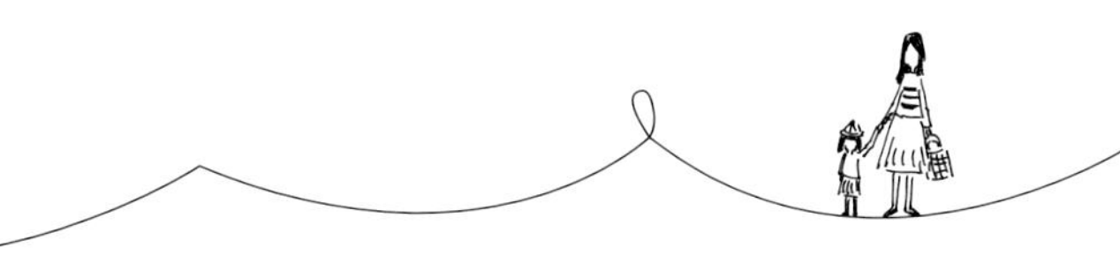

营养升级

## 加蛋白质利于维生素吸收

四季豆可单独煮，也可当配菜和别的食材一起炒，相当百搭。不论是斜切丝做炒饭或炒面、加在蛋液里，还是切小丁炒肉末、切段炒玉米笋或杏鲍菇，都是很好的搭配。若与虾一同拌炒，虾里的矿物质锌，可促进胡萝卜素吸收；若改成肉也很适合，可促进 B 族维生素吸收。四季豆里的烟酸和动物性蛋白质搭配时，能增加肌肤的胶原蛋白，让皮肤更有弹性。

如果豆荚尾端太黑，说明四季豆不新鲜，应避免购买。

mini COOK

带孩子了解蔬菜！

读绘本
《蚕豆大哥和好长的豆子》

故事主角蚕豆大哥遇见了一条好长好长的豆子，原来这是长菜豆。蚕豆大哥通过与各种小豆子的互动，观察不同豆类的差别。四季豆和丑豆都是菜豆，而市面上常听到的菜豆仔则是豇豆。这 3 种外型皆为长条形，可带孩子比较这 3 种长长的豆子有什么不同，增加对食材的了解。

出版社：新星出版社
出版日期：2013/11
作者：〔日〕中屋美和

**小孩食用注意**

清洗四季豆时，建议先用清水冲洗，再用 40~50 ℃的水浸泡 10 分钟，接着用软毛刷清洗，再浸泡 10 分钟，以减少农药残留；或冲洗后放在盆里，以流动的水冲 10~20 分钟。只需要细细的水流即可，大概就像用圆珠笔将矿泉水瓶戳一个洞这样的流水量就够了。

Recipe

整根吃营养不流失

# 香脆四季豆

**食材**

四季豆 100g
中筋面粉 65g
玉米淀粉 15g
盐 1 小匙
无铝泡打粉 1 大匙
蛋黄 1 个
气泡水 ½ 杯
白芝麻 1 小匙
杏仁片 1 大匙
植物油适量

**做法**

1. 取一大碗，将中筋面粉、玉米淀粉、盐和无铝泡打粉一起过筛，然后加入蛋黄和气泡水，慢慢混匀成面糊。
2. 锅置火上，倒入植物油，油热后将四季豆沾上面糊，放入油锅中炸至金黄色。
3. 捞出四季豆，放在吸油纸巾上，撒上白芝麻和杏仁片。

### 把四季豆炸得脆脆的，变成小零食

四季豆只能炒或凉拌吗？错！做成香脆的小零食，让孩子尝试不一样的吃法吧。掺有蛋黄、气泡水的面糊，会让四季豆炸得更酥脆爽口，再加入白芝麻和杏仁片一起吃，让营养素更多元。在处理四季豆时，不妨让孩子也参与，认识豆子的外观、切开后的剖面，餐桌上的食育课是很有趣的。

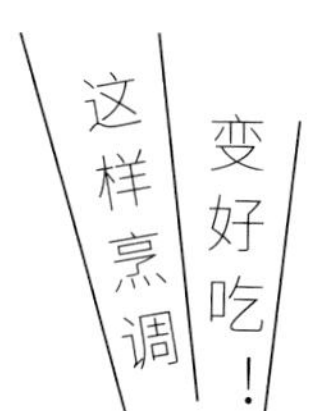

# 牛蒡

健脑并可快速恢复体力

营养特点

## 氨基酸能提振精气神

牛蒡含有人体必需的各种氨基酸，其中具有健脑作用的天门冬氨酸占总氨基酸的25%~28%。牛蒡还含有氯原酸、咖啡酸和槲皮酮等多酚类物质，可促进血液循环、缓解疲劳并快速恢复体力。可以煮牛蒡茶、做牛蒡炖排骨等，给容易疲惫或运动后的孩子喝。煮茶的方式很简单：洗净牛蒡（可不削皮），切片入锅干煸，待有香气后放入开水锅煮，便是牛蒡茶了。

变好吃！
做成煎饼减少纤维感
食谱请见 P.136

**切片后的牛蒡易氧化**

切开后的牛蒡切面容易因为接触空气而氧化，所以应先用盐水泡1~2分钟后再烹调。

盛产季　秋、冬、春（每年10月至来年4月）

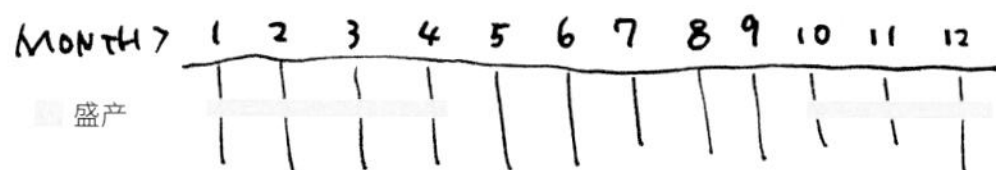


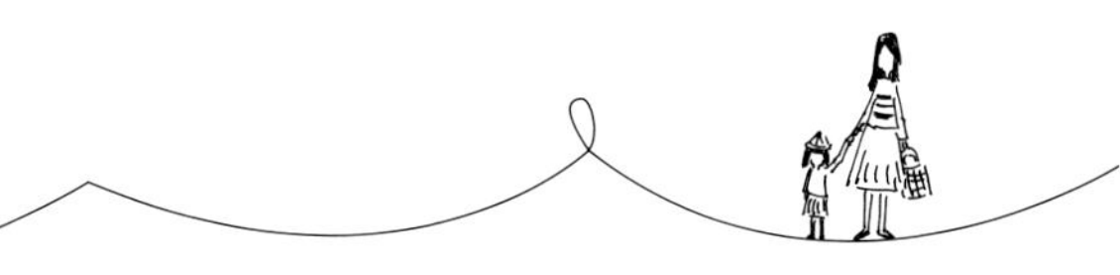

营养升级

## 可煮成牛蒡水摄取纤维

若不干煸，也可直接煮成牛蒡水，用喝的方式摄入水溶性的菊糖，也就是菊苣纤维。菊糖等水溶性纤维，能增加大便的柔软度，既能够维持肠道健康、促进排便，又有助于排气。下页介绍的食谱把韩式煎饼与牛蒡结合，再加蛋，煎成香香脆脆的点心，是营养相当均衡而且又美味、耐咀嚼的料理。

尾端自然弯曲的牛蒡较新鲜且鲜嫩。

mini COOK

带孩子了解蔬菜！

**牛蒡可做料理可煮茶**

牛蒡细细长长，横着生长在土地上（有须根），初看时很像树枝。除了可做料理外，烘干后还可以煮成牛蒡茶，有“东洋参”的美名。应选择表皮呈褐色，须根少、粗细均匀、直径3cm左右的牛蒡，没有裂痕者为佳。要辨别牛蒡是否鲜嫩，可以握着牛蒡较粗的那一端观察其尾部，如果牛蒡尾端可自然弯曲，则表示牛蒡比较新鲜。牛蒡买回家后不必清洗，用纸包起来靠墙斜放或放入冰箱冷藏皆可。

Recipe

# 牛蒡海鲜煎饼

做成煎饼减少纤维感

**小孩食用注意**

许多妈妈不太买牛蒡，大多是因为不知道怎么处理，这其实很可惜，因为少了一个摄取好食材的机会。牛蒡洗净后，不需要用削皮刀硬削，只要以刀背或钢刷刮去外皮，即可做料理了。如果给小小孩吃，可以切成细丝或切碎，这样比较容易咀嚼。

**食材**

牛蒡 50g
葱 1 把
虾仁 10 只
胡萝卜 30g
洋葱 30g
白芝麻 10g
植物油一大匙

**[ 面糊 ]**
低筋面粉 100g
水 90g
鸡蛋 1 个
盐少许

**做法**

1. 将牛蒡洗净，用钢刷去皮后切薄片或丝；胡萝卜切丝，洋葱切丁，葱切末。
2. 加热平底锅，先放入葱末、虾仁、牛蒡丝、胡萝卜丝、洋葱丁炒软，盛起备用。
3. 制作面糊：将低筋面粉、水和鸡蛋拌匀，加入少许盐。
4. 将**做法 2** 的食材倒入面糊中拌匀。
5. 加热平底锅，加入 1 大匙油，倒入蔬菜面糊，将面糊两面煎成金黄色，起锅前撒一些白芝麻增加香气。

## 让牛蒡纤维变细小、咀嚼变容易

牛蒡的纤维感比较明显，所以我们把它切得细小一些，做成蔬菜面糊，以煎饼的形式让孩子尝试。除了煎饼，牛蒡还有很多种吃法：

1. 做肉丸或小肉饭：在肉馅中加一点儿切碎的牛蒡，塑形后再煎。
2. 切丝炒成小菜：牛蒡切丝炒熟并撒上白芝麻、日式酱油，咸香有嚼劲。
3. 一锅煮：将牛膀切成片，与香菇、肉片、蔬菜、寿喜烧酱汁一起煮，甜甜的很下饭。

# 山药

健脾胃促进消化吸收

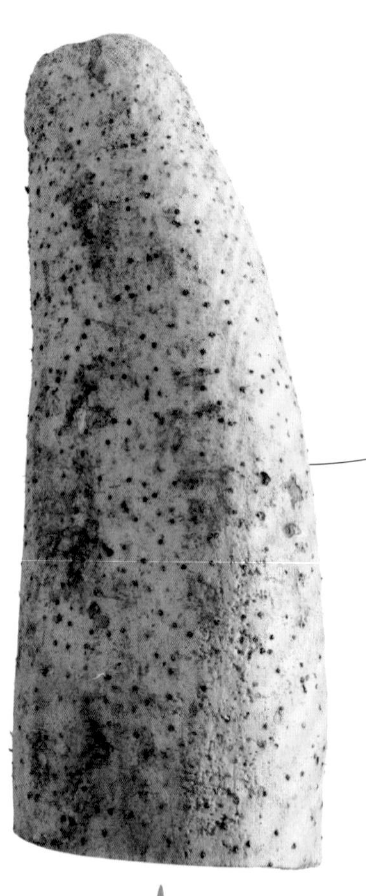

营养特点

## 富含有益肠胃健康的多种营养素

山药不仅含有多种维生素和矿物质，而且淀粉含量比较高，是可以部分替代主食的蔬菜，而且生吃熟食两相宜，口感截然不同、各有特点。山药含有淀粉酶、多酚氧化酶等物质，可保护和提高肠胃的消化吸收功能，胃肠功能较弱的孩子可常吃。山药切开后会有黏液，这些黏液其实是一种水溶性膳食纤维，可帮助胰岛素抗阻、控制血糖、让糖分缓慢吸收，是糖尿病人的食疗佳品。

变好吃！
做成饮品减少黏液感
食谱请见 P.140

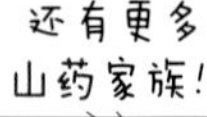

还有更多山药家族！

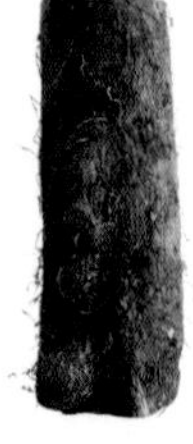

**紫山药**

切开是紫色，颜色美，味道香，很适合磨成泥做点心。

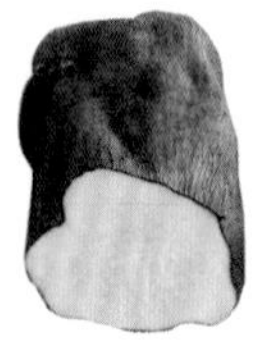

**紫皮山药**

又被称为牛奶山药，山药皮的内层是紫色的，味道比较浓郁。

盛产季　秋、冬、春（每年 9 月至来年 4 月）

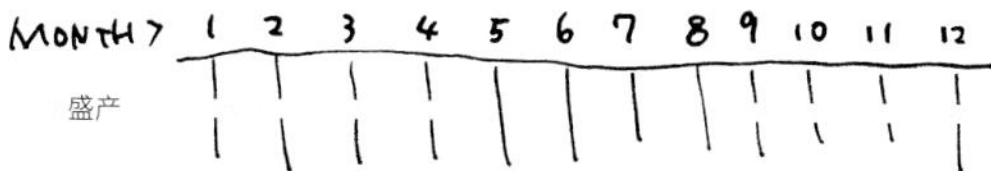


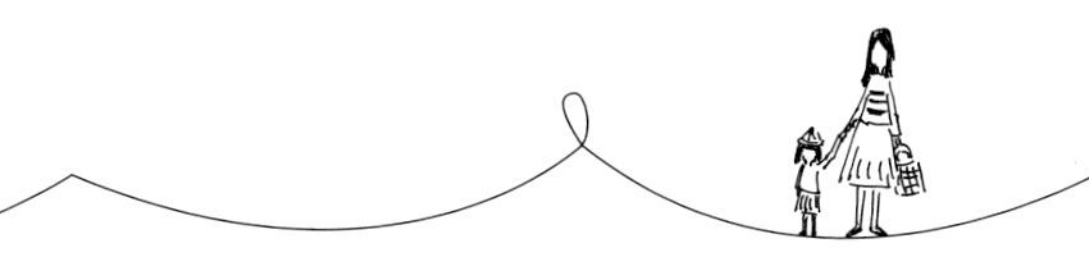

营养升级

## 富含碳水化合物和蛋白质，可替换主食

山药淀粉和蛋白质含量都较丰富，而且含有多种矿物质和维生素。每 100g 山药有 1.3g 膳食纤维，适量食用可增加饱腹感，更有助于肠胃蠕动，可促进排便。无论是生食还是熟食，均能促进肠胃中的有益菌群生长，并提升胃肠道功能。此外，已有研究报告指出，山药特有的薯蓣皂苷元是天然的抗氧化、抗发炎物质，能缓解、抑制身体的发炎症状。

**阳明山山药**

阳明山有丰沛的水气，很适合山药生长，种出来的山药味道甜且口感绵软。

mini COOK

带孩子了解蔬菜！

**山药家族——紫山药、日本山药、紫皮山药**

山药营养又好吃，而且品种较多，有漂亮的紫山药、口感比较细腻的日本山药，还有皮是紫色但肉是白色的紫皮山药（又称牛奶山药）。山药干燥后就成了用来煮四神汤的中药，也就是我们知道的淮山。

日本山药吃起来口感较细腻。

**小孩食用注意**

生食山药比熟食更有益于肠胃健康，若不想让孩子吃生食，在做凉拌山药时，可以把山药略煮一下，仍保留脆脆的口感，加上凉拌酱汁，会是孩子喜欢的凉拌菜。

Recipe

# 山药黄豆浆

做成饮品减少黏液感

食材

黄豆 100g
山药 50g
南瓜子 10g
冰糖 1 大匙

做法

1. 将黄豆用水泡一晚，备用。
2. 山药洗净，去皮后切小块。
3. 将黄豆、山药置入豆浆机中，加入冰糖和指示水量，开启湿豆模式。
4. 将山药豆浆倒入杯中，撒上南瓜子即完成。

## 依孩子喜好变化烹调方式

有的孩子不喜欢山药，是因为山药没有什么味道，或吃起来有黏液，因而有些抗拒。妈妈们不妨观察一下孩子不吃的原因，再调整烹调方式。如果孩子不喜欢黏液，煮汤、打浆都是不错的烹调方式；如果孩子觉得山药味道淡，可以将山药切成丝炒食（不要炒太久）并调味，吃起来脆脆的而且有味道。

# 2-4

# 冬季蔬菜

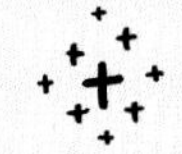

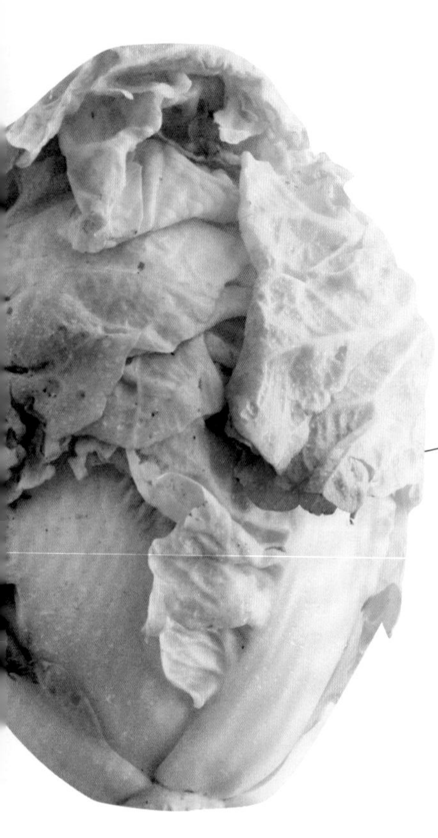

# 大白菜

十字花科抗癌好蔬菜

营养特点

## 美国癌症医学会推荐的抗癌好蔬菜

大白菜属十字花科，维生素 C 和钙含量较多，还含有 B 族维生素、钾、镁等营养素，以及非水溶性膳食纤维，是美国癌症医学会推荐的抗癌好蔬菜之一。由于环境污染日趋严重，患癌年龄逐渐下降，可提早在孩子的饮食中增加这类抗癌食材。此外，大白菜的 B 族维生素含量也很高。大白菜生食比久煮的口感佳，盛产季时做成酸甜泡菜，口感脆脆的很讨喜，也利于保留 B 族维生素和维生素 C。

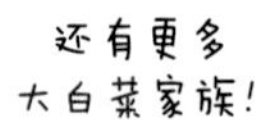

变好吃！
减少菜味做成焗烤
食谱请见 P.146

还有更多大白菜家族！

**天津大白菜**

梗较薄，叶色绿，味道略甘甜，纤维比较细致。

**娃娃菜**

小小的娃娃菜，口感、质地都比较细软，常拿来做汤或快炒。

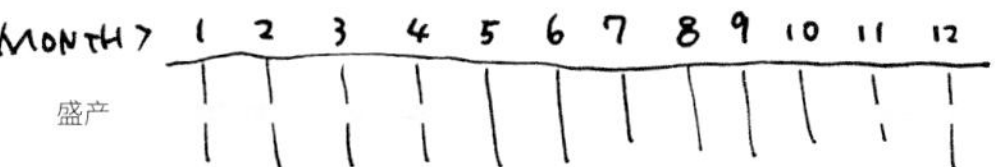


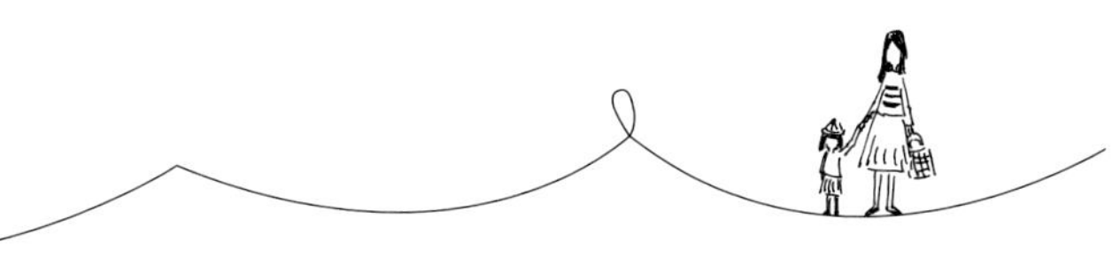

营养升级

## 加蛋白质利于钙质吸收

下页介绍的焗烤奶油白菜高钙又好吃。大白菜含有多种营养素，再加上香菇中的维生素 D、锌、多糖，以及牛奶、奶酪里的钙质，能增强孩子的免疫力，对牙齿、骨骼也相当有益。大白菜和鱼、肉、豆腐、豆干、豆皮等富含蛋白质的食物一起煮可提高钙质的吸收率。冬季时不妨试做凉拌白菜心，先用盐将白菜心腌一下，再加入醋、酱油和香油调味，与豆干、花生一起凉拌，酸酸咸咸相当开胃。

**山东大白菜**

体型比一般白菜大许多。肥厚的菜茎可做成韩式泡菜或酸菜白肉锅中的酸白菜。

mini COOK

### 带孩子了解蔬菜！

**大白菜家族——包心白菜、山东大白菜、天津大白菜、娃娃菜**

盛产于冬季的大白菜，品种多元且各具特色，常见的有 3 种。第一种是叶子包覆紧密的包心白菜，由于其口感鲜嫩爽脆，适合清炒或做菜底；第二种是叶子皱褶多且包覆较为松散的山东白菜，由于其纤维粗且久煮不烂，大多用来腌制成酸菜或泡菜；最后一种则是细长的天津白菜，口感清脆多汁，适合煮汤及炖肉。另外，市面上还有一种娃娃菜，看起来像是缩小版的大白菜，其实也是大白菜的一种，因为口感细嫩，大多用来做火锅配菜或做成汤料理。盛产季节不妨带着孩子去认识各种大白菜！

# 焗烤奶油白菜

小朋友超爱的焗烤料理

Recipe

**小孩食用注意**

大白菜维生素 C 含量高，在中国北方的寒冷冬季中，生吃或做成泡菜，就能保留大白菜中的维生素 C。由于大白菜的菜心在生长过程中会一层一层地包住，所以用白菜心做料理时，要确保用流动的水清洗干净，以保证食用安全。

**食材**

大白菜 ¼ 棵
鲜香菇 2 朵
胡萝卜 20g
奶油 15g
面粉 1 大匙
牛奶 100g
盐和黑胡椒少许
奶酪丝 20g
植物油少许

**做法**

1. 将大白菜洗净切段，锅中放水，水煮开后放入大白菜，汆烫至叶片软嫩，捞出放凉；香菇切片，胡萝卜去皮后切丝。
2. 加热平底锅，用油将香菇片与胡萝卜丝炒香，再加入大白菜拌炒。
3. 接着制作白酱：先用平底锅融化奶油，再加入面粉炒，然后分次加入牛奶，最后用盐和黑胡椒调味。
4. 将炒好的蔬菜放在烤盘中，淋上白酱，在最上层撒上奶酪丝，放入预热至 200°C的烤箱烤 10 分钟后取出。

## 煮后会变软的白菜，适合做焗烤

港式茶餐厅常有这道料理，这里我们采用了西式焗烤的方式，变成中西合璧的烹调法，会是孩子接受度很高的料理之一。准备时，让孩子帮你清洗大白菜吧，一起动手剥开层层叶片，顺便在处理菜叶时告诉孩子如何选大白菜，比如避免叶片上有黑点儿或是有潮湿水伤的。家庭的智慧，就是这样一点一滴传承下来的。

# 小白菜

富含芹菜素可抗氧化

营养特点

## 含有抗发炎的芹菜素

小白菜属于十字花科，所有十字花科蔬菜都含有丰富的异硫氰酸酯，能保护细胞、预防癌症。小白菜还含有芹菜素，是十字花科中芹菜素含量较多的一种蔬菜，可抗氧化、避免炎症反应。胡萝卜素、钙、钾、铁、硒含量也很多，还有丰富的维生素 C，是营养价值相当高的蔬菜。

变好吃！
做成蛋饼更好嚼
食谱请见 P.150

还有更多
小白菜家族！

**奶油白菜**

又称西洋白菜，水分含量多，叶茎非常肥厚且纤维紧实。

盛产季　秋、冬（每年 10~11 月）

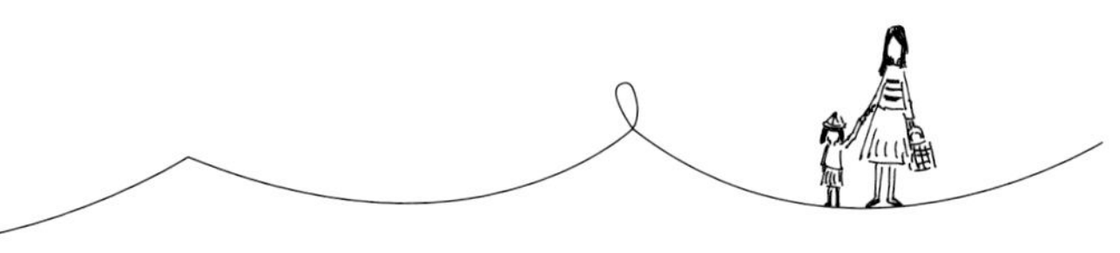


营养升级

## 和鸡蛋、面粉混合做成蔬菜饼营养更佳

小白菜水分和膳食纤维多，搭配鸡蛋、面粉做成含有丰富的叶黄素、卵磷脂、膳食纤维的蔬菜饼，营养均衡，美味且能增加饱腹感，很适合做孩子的早餐或餐间点心，是一道护眼的简单料理。小白菜中的β-胡萝卜素在人体内转换成维生素 A 后，能预防皮肤黏膜干燥，因此需长期看书的考生或时常看电脑的孩子可以多吃。

**鹅白菜**

含水量比一般小白菜多，但吃起来略有苦味。

mini COOK

带孩子了解蔬菜！

**面食料理中的常见蔬菜**

小白菜是很好种且生长期短的蔬菜，选购时尽量选择较为粗老的，因为太嫩的小白菜，通常有过度施肥的可能。由于小白菜的叶片生长紧密，清洗时应将底部切除，将叶片逐片冲洗。烹调时小白菜常与面食类同煮，比如阳春面、牛肉面、什锦面等，是美味爽口的配菜。

Recipe

# 小白菜蛋饼

有脆感的快速蛋饼

**小孩食用注意**

根据国内外研究，小白菜因为生长速度快，沿海地区台风前夕可能为了抢收，有时会施较多氮肥，因此建议台风过后不要急着买小白菜。虽然可以借助冲洗、汆烫消除硝酸盐，但在台风过后菜价上涨、卖相也不佳的特殊时期，还是建议买冷冻蔬菜，其营养价值其实并不会输给冷藏两天以上的蔬菜。

食材

小白菜 2 棵
中筋面粉 100g
牛奶 100g
鸡蛋 1 个
盐少许
姜末少许
植物油少许
蛋饼皮 1 张

做法

1. 先制作面糊：将中筋面粉过筛，加入牛奶、鸡蛋、开水搅拌均匀。
2. 将小白菜洗净，将绿叶和白色的茎分开、切碎备用。
3. 炒锅加热，用油炒香姜末，然后放入切碎的茎并炒软，再加入切碎的菜叶拌炒。
4. 将炒好的小白菜加入面糊中，搅拌均匀并加盐调味。
5. 加热平底锅并放少许油，倒入小白菜面糊，先煎至一面金黄，然后盖上蛋饼皮，翻面煎至两面金黄即可。

## 将烹调后容易变软的叶片剁成末

有些孩子看到绿叶蔬菜就皱眉，或不喜欢小白菜煮后叶片变软的口感。妈妈们不妨改变小白菜的形态样貌，做成小朋友很喜欢的煎饼状。从蔬菜末开始尝试，一旦孩子熟悉了，接受度就能大大提升。

# 大芥菜

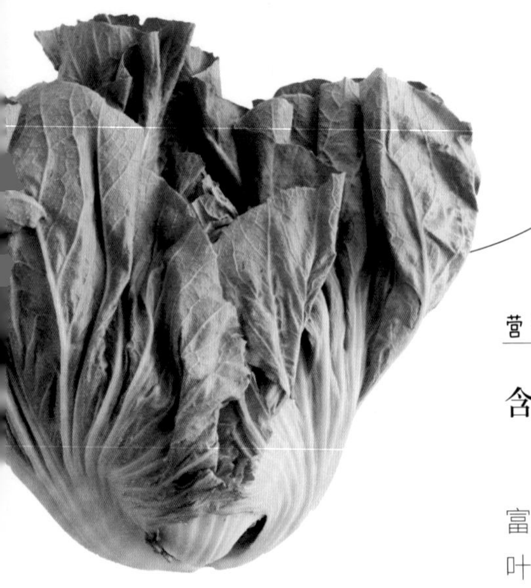

营养特点

## 含钙多有益生长发育

大芥菜属于十字花科，所以有微微的苦味，富含胡萝卜素、维生素 $B_2$、维生素 C、钾、钙、叶黄素、叶酸等营养素。每 100g 大芥菜含有 76mg 钙，可与牛奶的钙含量媲美。因此，若是家中素食或有不喝牛奶、乳糖不耐受的孩子，可买大芥菜烹调，补充钙质。此外，大芥菜对于抗癌、抗氧化也都很有帮助，能增强孩子的免疫力。

变好吃！
做羹汤减少苦涩感
食谱请见 P.154

还有更多芥菜家族！

**芥块**

去掉叶子的大芥菜即为芥块，只剩下肥厚的茎部。

盛产季　冬、春（每年 11 月至来年 4 月）

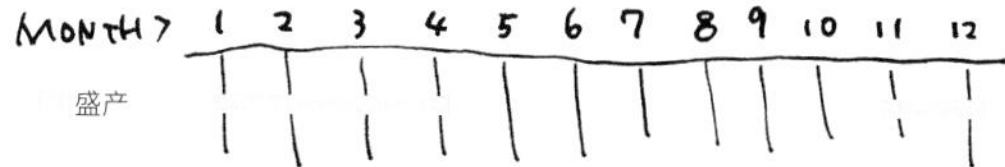

营养升级

## 与肉类同煮有利于脂溶性营养素吸收

大芥菜纤维含量高、口感较硬，建议用煮汤或勾芡的方式，让孩子比较好入口。另外，其胡萝卜素含量高，与肉类同煮，如大芥菜排骨汤、芥菜鸡汤等，利于脂溶性营养素的吸收。也建议贫血的孩子多摄取大芥菜，但因为植物性铁是非血红素铁，需要搭配维生素 C 含量高的蔬菜水果，才能提高铁的吸收率。

mini COOK

带孩子了解蔬菜！

### 能做多样腌渍发酵的大芥菜

雪里蕻、福菜、梅干菜，咸香百搭又下饭，几乎是冬末春初餐桌的最佳良伴。但你可知道，它们其实都是用大芥菜做的吗？新鲜的大芥菜只要加盐入桶腌渍半个月，就是雪里蕻！而酸菜经过风干、暴晒，放入桶中颠倒放置发酵约 3 个月，就成了福菜；晒至全干，就成了梅干菜——这些都是前人的生活智慧。有机会不妨带着孩子去农村走走，发现更多生活的美好吧！

**小芥菜**

小芥菜是芥菜的变种，叶片可以腌渍，也就是大家熟知的雪里蕻。

## 小孩食用注意

除了汆烫去除苦味，也可加入萝卜干，增加汤的甘味，提高孩子的接受度。此外，若是将大芥菜叶或小芥菜腌渍食用，其盐分含量会比较高。由于其十分下饭，所以要注意食用量。

Recipe

# 大芥菜豆腐汤

做成羹汤减少苦涩感

**食材**

大芥菜 150g
豆腐 200g
红薯淀粉少许
香油 2 小匙
盐 2 小匙
高汤 2~3 杯

**做法**

1. 将大芥菜洗净，去除老梗并取下叶片。
2. 汤锅中加水，水煮开后放入大芥菜汆烫，捞出冷却后切碎；豆腐切小块，备用。
3. 在汤锅中倒入高汤并烧开，用红薯淀粉勾芡，再加入豆腐块。
4. 加入切碎的大芥菜，煮开后加盐调味，并淋上香油增添香气。

## 汆烫可去除大芥菜的苦涩味

大芥菜苦苦涩涩的味道，某些孩子会有些抗拒。解决方法十分简单，只要汆烫一下就能去除大芥菜大部分的苦味。烹煮时也可以再加些有甜味的蔬菜，如胡萝卜，菜品颜色也能更丰富。

这道菜的处理，特别是把纤维较明显的大芥菜切细碎，提升了食用的便利性；加上软嫩的豆腐，做成滑顺好入口的羹汤，让孩子很轻松就能喝下肚。

营养特点

## 维生素 U 能保养胃部

卷心菜学名结球甘蓝，又名洋白菜、包菜、圆白菜、莲花白等。卷心菜是维生素 C、钙、钾、硒的良好来源，可预防感冒和贫血。新鲜的卷心菜含有植物杀菌素，有抗菌消炎的作用，对咽喉疼痛、外伤肿痛、蚊叮虫咬、胃痛、牙痛有一定的缓解作用。卷心菜含有某种溃疡愈合因子，能加速创面愈合，有胃溃疡的孩子可多吃。卷心菜还含有丰富的膳食纤维，可促进消化、预防便秘。

变好吃！
做成蛋饼更好嚼
食谱请见 P.158

还有更多
卷心菜家族！

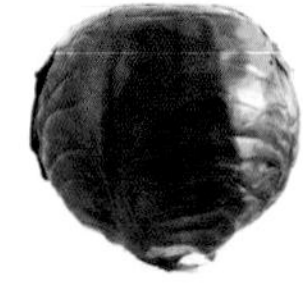

**紫卷心菜（紫甘蓝）**

颜色艳丽，含有原花青素与维生素 C，常用其做沙拉或腌渍。

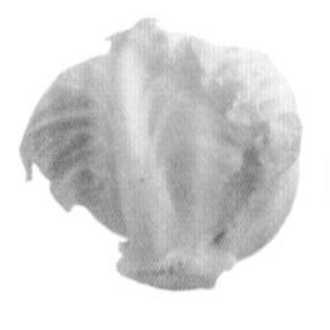

**卷心菜芽（小甘蓝）**

口感比卷心菜硬，也没那么甜，但是香气足，可炖汤或炒食。

盛产季　冬、春（每年 12 月至来年 3 月）

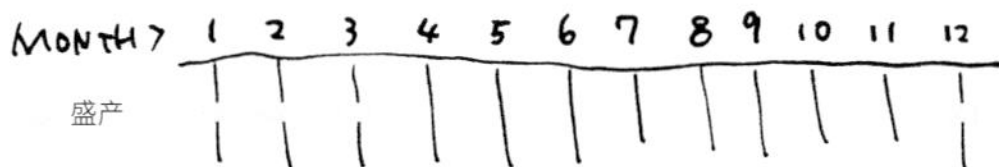


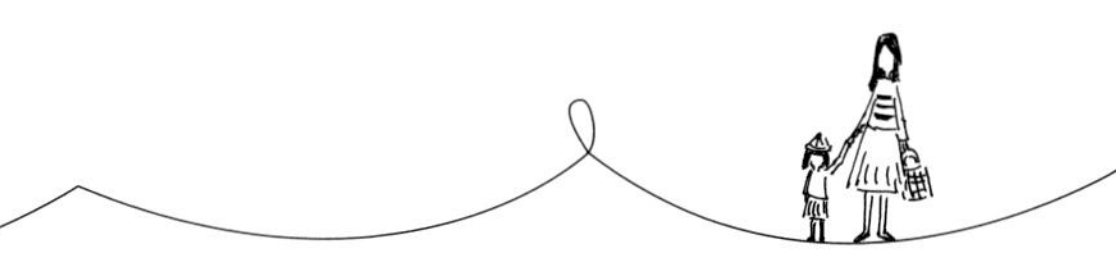

营养升级

## 快炒或用少量水蒸煮保留营养

建议用快炒或少量水蒸煮的方式烹调卷心菜，以有效减少营养流失。另外，同一餐应广泛且多样地摄取蔬菜，因为与深绿色蔬菜相比，卷心菜的叶酸、纤维素含量略少。将卷心菜做成蛋饼，能当早餐或点心吃，同时摄入淀粉、蛋白质与纤维素，弥补了一般市售蛋饼缺乏纤维素的不足，也能够有大阪烧的感觉，让孩子觉得新鲜有趣而增加食欲。

mini COOK

带孩子了解蔬菜！

**卷心菜家族——梨山卷心菜、卷心菜心**

台湾梨山产的梨山卷心菜，由于种植地区早晚温差大，因此体形壮硕、水分丰富、甜度明显。而卷心菜芽则是卷心菜收割后，根部长出的小芽。选购卷心菜时，要选择外观无损伤、叶子不枯黄、用手按压时有饱满充实感的扁圆形卷心菜。买回家后，不要将卷心菜对半切开，因为卷心菜是由内向外生长的，可在准备食用时再由外向内剥开，这样不仅可以让卷心菜存放时间变长，还可使其保持新鲜度。

**顶尖卷心菜**

此种卷心菜上部尖尖的，故得此名，但味道和普通卷心菜差不多。

**小孩食用注意**

卷心菜只有梗的部位纤维较多，叶片纤维其实较少。给孩子做卷心菜的时候，建议先考虑孩子的咀嚼能力，可以煮得烂一点儿，较好入口。随着年龄增加，再适度保留口感，锻炼咀嚼能力。

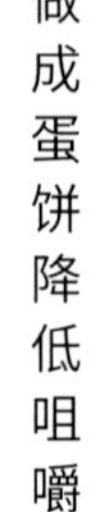


做成蛋饼降低咀嚼难度

# 卷心菜丝蛋饼

**食材**

卷心菜丝适量
鸡蛋 1 个
葱花 2 大匙
蛋饼皮 1 片
盐适量
植物油少许

**做法**

1. 将鸡蛋打入碗中，放入葱花、盐拌匀。
2. 加热平底锅，倒入油和鸡蛋液，半熟之后盖上蛋饼皮。
3. 将卷心菜丝放在蛋饼皮上，将蛋饼皮卷起，煎至金黄色即可。

## 切丝或切末做成营养蛋饼

冬天是享用卷心菜的最佳季节，我们最常在火锅里见到卷心菜，或把卷心菜做成炒菜。这次为了增加孩子的食欲，特意换了一种不一样的烹调方法——卷心菜丝蛋饼或包成饭团的样子，让小朋友在不知不觉中一口接一口地吃。菜丝蛋饼是很适合做成早餐的简单料理，一早就让孩子营养满满地上学去。

# 甜椒

富含维生素C和茶多酚

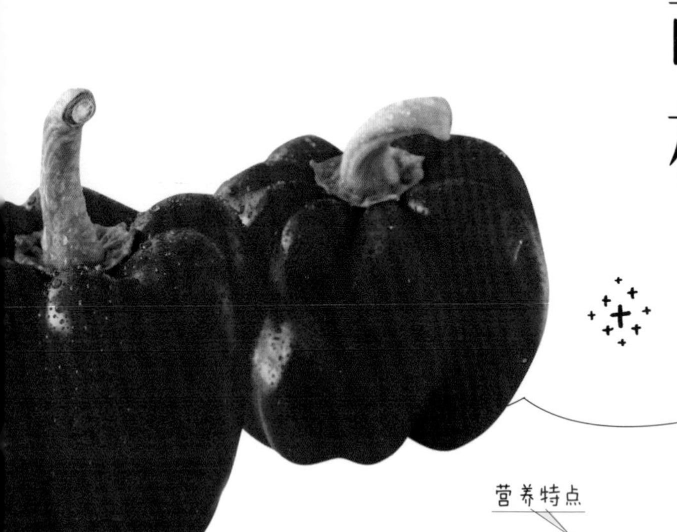

营养特点

## 含有茶多酚，可保护肠道有益菌

每 100g 甜椒含有 104mg 维生素 C（每 100g 橙子的维生素 C 含量为 33mg），是维生素 C 含量很高的蔬菜。红色的成熟椒类，维生素 C、胡萝卜素含量最高，可增强身体抵抗力，鼓励孩子在夏季时多吃还能预防中暑。与红色的甜椒相比，未成熟的青椒茶多酚含量更高。茶多酚可杀菌，还可以保护孩子肠道里的有益菌，对肠道健康有益。

变好吃！
加梅子粉做成开胃菜
食谱请见 P.162

还有更多椒类家族！

**黄甜椒、橘甜椒**

甜椒的颜色很多，全都没有辣味，水分多且带点儿甜味，凉拌或熟食都适合。

**盛产季** 冬、春（每年 12 月至来年 5 月）

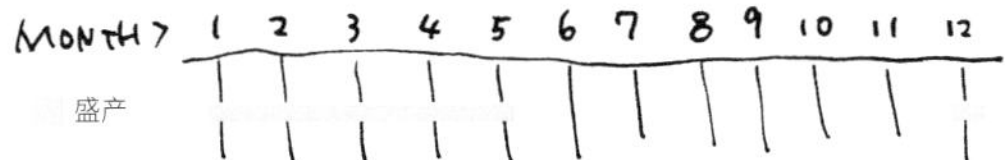


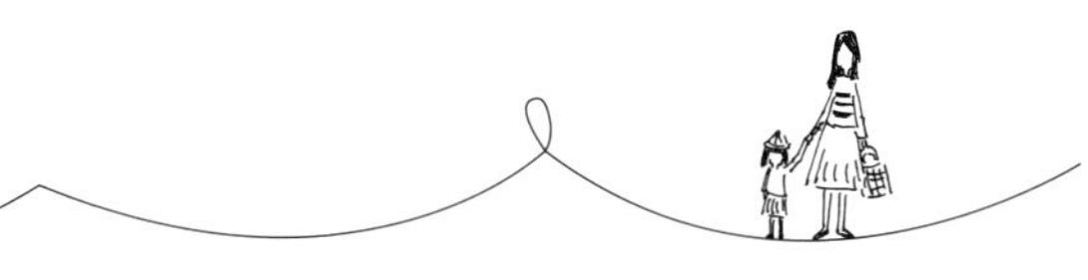

营养升级

## 快炒促进维生素 C 吸收

椒类维生素 C 含量多，用梅子醋、梅子粉腌渍的甜椒，味道酸甜，相当开胃。若家人不适合吃生食，那就加些油，与不同的肉类快炒，能促进胡萝卜素的吸收。除了生食、炒食，把甜椒做成酱也是很棒的吃法。洗净甜椒后，将其放进预热至 220°C的烤箱中，烤至可以撕去外皮的程度，取出后与洋葱、罗勒、大番茄、橄榄油等食材打成酱并调味，就能佐肉类一起享用。

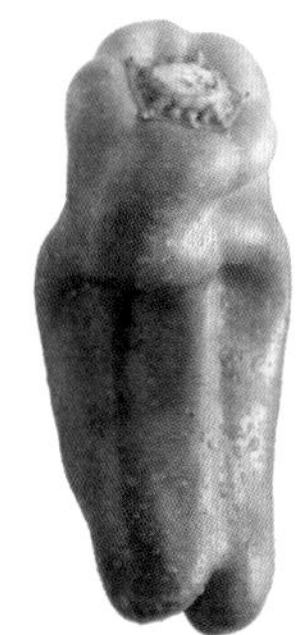

**青椒**

应该是小朋友最讨厌的蔬菜！它的长相都不是很讨喜，却是富含茶多酚的好蔬菜。

mini cook

带孩子了解蔬菜！

**读绘本《青椒小超人》**

书中的青椒化身超人，要打败我们肚子里的坏细菌。用绘本让孩子认识青椒和其他颜色的甜椒有许多营养，能够保护我们的身体、帮助我们长大。和孩子一起给红甜椒做红披风、给黄甜椒做黄披风，可以让孩子和甜椒做好朋友！

出版社：贵州人民出版社
出版日期：2016/02/01
作者：〔日〕佐仓智子文
〔日〕中村景儿图

Recipe

# 梅香腰果甜椒

做成开胃菜改变口感

**小孩食用注意**

椒类含有寡糖类成分，有些人吃了可能会胀气，有些人则是吃多了才会胀气。其实胀气无害，只是让人有些不舒服。有的孩子即使胀气也不会有不适感，妈妈可以观察孩子吃甜椒后的反应，若没有不适，以后还是可以吃的。

**食材**

红色、黄色甜椒各 1 个
梅子醋 2 大匙
梅子粉 1 大匙
熟腰果 2 大匙

**做法**

1. 将甜椒洗净去籽，切成细条状，放入大碗中。
2. 碗中加入梅子醋和梅子粉，将碗放入冰箱 1 小时。
3. 从冰箱中取出甜椒，放至室温。
4. 将熟腰果放进干净的食品保鲜袋中，用刀拍碎，将腰果碎撒在甜椒上即可。

## 加梅子粉，就像吃水果

如果孩子讨厌甜椒煮熟后的颜色及口感，不妨先尝试做成凉拌菜，向孩子说明甜椒有水果的甜味和水分，转变孩子的看法。

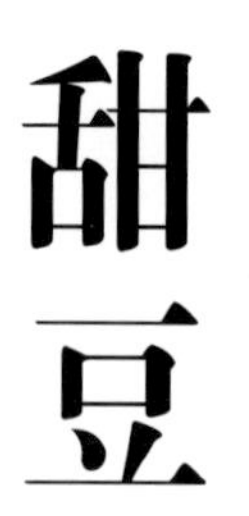

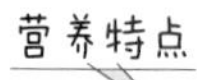


## 甜豆蛋白能减轻炎症反应

甜豆属于高纤维蔬菜，每 100g 甜豆含有 3.0g 不溶性纤维。碳水化合物和蛋白质含量也比较高，对孩子来说，是营养全面的好蔬菜。甜豆被人体摄取分解后会产生甜豆蛋白，可减轻炎症反应、过敏等相关问题。此外，甜豆的硒含量也比较高，硒是可以增强孩子免疫力的绝佳营养素。

变好吃！
做成炒饭改变外观和口感
食谱请见 P.166

**能帮助减重的甜豆**

曾有人针对甜豆做过一个减重实验，在同样限制热量的情况下，有一组食物内加了甜豆，另一组没有加。实验发现，食物中加甜豆的那一组，身体炎症反应减轻，减重效果也更好。因此，甜豆是可以经常纳入日常烹调的好蔬菜。

盛产季 冬、春（每年 11 月至来年 3 月）

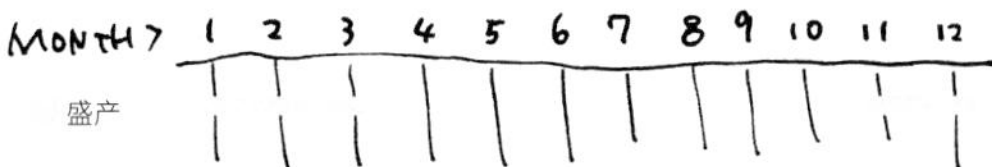


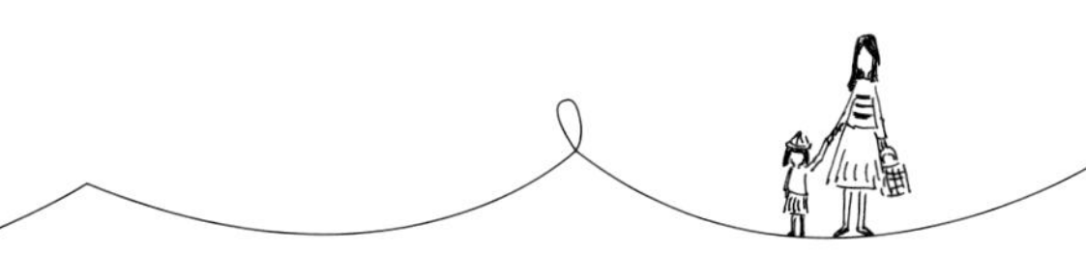

营养升级

## 加油烹煮利于维生素吸收

下页介绍的甜豆蘑菇炒饭，组合了可降血压的黑木耳、可促进人体复原的胡萝卜，以及可增强免疫力的白蘑菇，用油炒食，可帮助胡萝卜素吸收，还能使孩子摄取到优质蛋白质以及膳食纤维，是非常营养的方便料理。

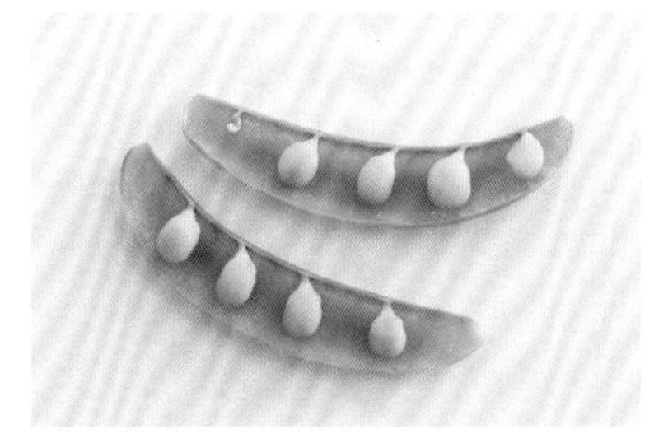

饱满圆润的豆子通常水分较足且好吃。

mini COOK

## 带孩子了解蔬菜！

### 不再傻傻分不清豆豆

甜豆其实就是豌豆的一种。一般而言，豌豆大致可分为扁身和圆身两种。扁身的豆荚比较薄，相传是 17 世纪从荷兰引入台湾的，所以又称荷兰豆；而圆身的豆荚比较厚，又被称为甜豆。选购甜豆时要选择豆荚青绿鲜艳，荚皮不皱、不萎缩、没有斑点的，豆子越饱满越甜。

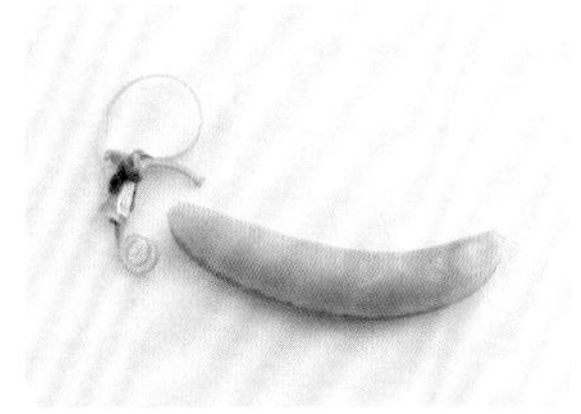

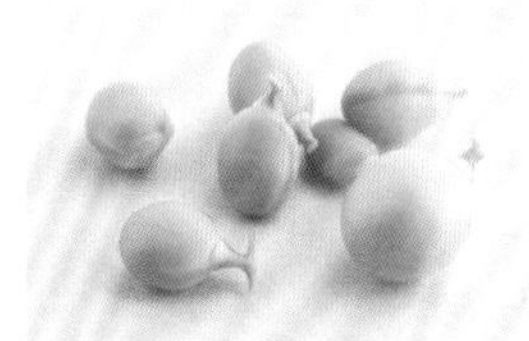

豆荚厚且豆豆饱满的甜豆。

Recipe

多彩食材的饭料理

# 甜豆蘑菇炒饭

**小孩食用注意**

甜豆富含膳食纤维，而且可降血压、降血脂、减少热量摄取，很适合需要控制体重的孩子吃。

食材

带荚甜豆 1 盒（约 300g）
胡萝卜丝 20g
白蘑菇 50g
黑木耳 2 朵
鸡蛋 1 个
盐少许
白米饭 1 大碗
大蒜末少许
植物油少许

做法

1. 将带荚甜豆洗净去丝，取出豆子，豆荚剪成细长条，放入开水锅中快速汆烫。
2. 将黑木耳泡发、洗净、切丝，白蘑菇切片。
3. 加热平底锅，用油将大蒜末炒香，加入甜豆、胡萝卜丝、白蘑菇片、黑木耳丝和盐快速翻炒，取出。
4. 在原锅中加点儿油，打入鸡蛋炒香，加入白米饭快炒，再放入**做法 3** 的蔬菜炒匀。
5. 将炒好的饭盛盘，在最上面铺上甜豆荚细丝即完成。

### 让料理多彩，转移孩子对蔬菜的视觉焦点

有些孩子不喜欢绿色的豆子出现在料理中，总是忍不住把它们通通挑出来不吃。可尝试带孩子一起做炒饭，让孩子认识豆子与豆荚。再多加一点儿小心机，增加多种色彩的蔬菜和豆子一起炒，孩子就不会死盯着绿绿的豆子了。

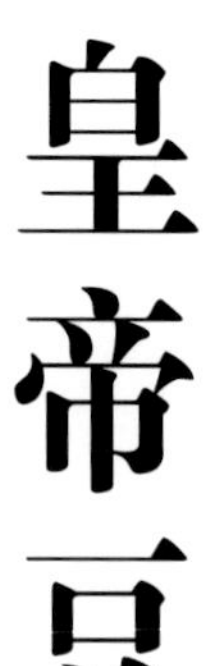

# 皇帝豆

不爱吃肉的孩子可多吃

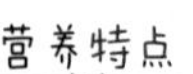

营养特点

## 富含蛋白质和膳食纤维

皇帝豆又名菜豆，蛋白质含量在蔬菜中算高的，非常适合不爱吃肉的孩子或素食者食用。但需要与其他多种豆类一起烹调，实现氨基酸互补，得到完整的优质蛋白质。皇帝豆纤维素含量很高，每 100g 皇帝豆含有 4.4g 膳食纤维，在摄取植物性蛋白质的同时，还可降低胆固醇。

变好吃！
做成浓汤减少豆味
食谱请见 P.170

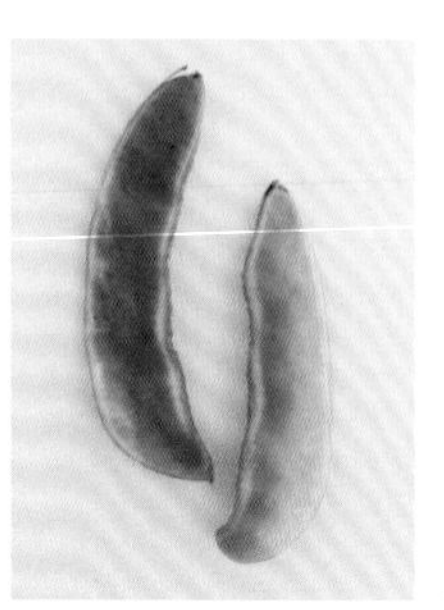

选购皇帝豆时，豆荚形状完整且挺直、颜色翠绿的为佳。

**盛产季** 冬、春、夏（每年 11 月至来年 5 月）

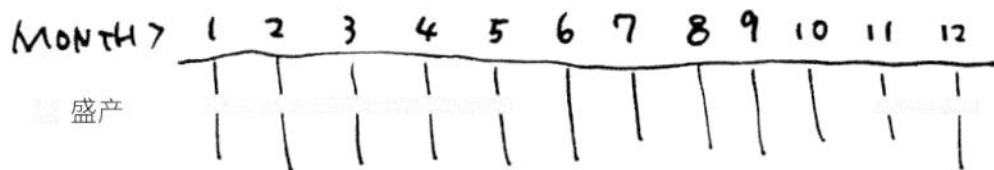

营养升级

## 做成浓汤营养又美味

皇帝豆的铁、锌含量也较高，除了与多种豆类一起煮，也可像下页介绍的食谱那样做成豆味较不明显的美味浓汤。汤中还放了胡萝卜，以增加 β-胡萝卜素和维生素 A 的摄取。只要将食材搅打成泥，再加入奶油和橄榄油、调味料，就能成为口感滑顺的浓汤，提高孩子的接受度。

还有更多豆豆家族！

**红鹊豆**

状似皇帝豆，但是表皮呈红紫色，又称肉豆，是过去人们补充蛋白质的好选项之一。

mini COOK

### 带孩子了解蔬菜！

**皇帝豆又被称为菜豆**

皇帝豆原产于美洲，是 15 世纪欧洲人在秘鲁利马市发现的，故被称为利马豌豆。也由于在常见的豆类中体积最大，因此又有皇帝豆的美名。选购时，豆子饱满有光泽、斑纹明显、颜色略呈黄色的皇帝豆口感较细致，香气也更浓郁！

如果是给小小孩吃，可去除豆子的外膜，会更好食用。但若孩子已有咀嚼能力，建议保留外膜烹调。

# 皇帝豆奶油浓汤

Recipe

做成浓汤减少豆味

**小 孩 食 用 注 意**

需要注意的是，皇帝豆含有生氰糖苷这种天然的毒性物质。这种物质在皇帝豆成熟后会减少，但发芽后会增加，所以皇帝豆一定不能生吃，要彻底煮熟再食用。建议用 80℃以上的水至少煮 25 分钟以上，如此食用才安全。

**食材**

皇帝豆 ½ 杯
洋葱 ½ 个
胡萝卜 30g
橄榄油 1 大匙
高汤 2 杯
无盐奶油 1 大匙
苹果 ½ 个
盐少许

**做法**

1. 将洋葱洗净切碎，胡萝卜切成小块，备用。
2. 锅置火上，放入无盐奶油和橄榄油，油热后放入洋葱炒 10 分钟，使洋葱变透明，再加入胡萝卜炒 5 分钟。
3. 将苹果洗净，削皮切片；锅中放水，水煮开后放入皇帝豆，煮至豆软捞出沥干。
4. 将皇帝豆、苹果片、高汤加入**做法 2** 中，用中小火煮 5 分钟后倒入食物料理机或果汁机里搅打，最后撒盐调味。

## 与蔬果同煮，一锅摄取多种营养

“皇帝豆”这个名字听起来就非常有气势，它的大小和一般豆子比起来，也的确有帝王之姿。皇帝豆的营养价值很高，尤其富含铁和钾，所以给孩子介绍皇帝豆时，不但要让它以帝王之名隆重登场，还可以告诉孩子皇帝豆也是铁钾武士！当蔬菜有了性格与特点，小朋友对它的接受度就会提升许多!

# 荷兰豆

营养特点

## 富含维生素 C 和叶酸

荷兰豆含有一种植物甾醇——谷甾醇，可降低胆固醇。同时还含有叶黄素、玉米黄素、胡萝卜素，皆能有效保护孩子的视力。荷兰豆叶酸和维生素 C 含量都很高，每 100g 荷兰豆所含叶酸量可满足孩子每日需求量的 16%，维生素 C 含量相当于孩子每日需求量的 50%。多摄取叶酸，有益于孩子神经和认知功能发育。

变好吃！
改变外观口感做成派
食谱请见 P.174

挑选荷兰豆时，可以拿着豆荚对着光看，豆子大小均匀的会比较好吃，口感嫩。

盛产季　冬、春（每年 12 月至来年 3 月）

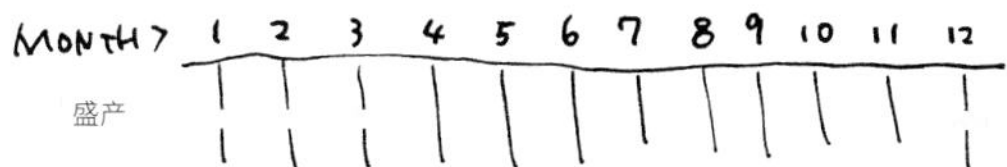


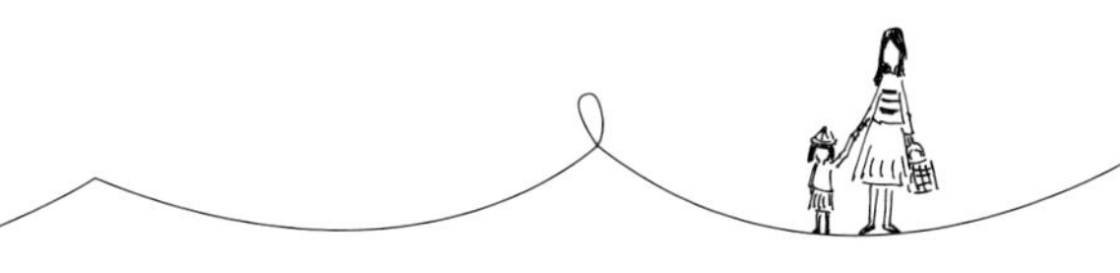

营养升级

## 与肉类同煮让蛋白质加倍

如果孩子不喜欢荷兰豆特有的口感或豆味，不妨尝试用鸡丝炒荷兰豆！经过热炒与勾芡，降低干涩口感，可以直接浇在饭上吃，很滑口，而且鸡肉与荷兰豆的搭配可以使蛋白质加倍。此外，荷兰豆炒蛋、蒸蛋，或和豆腐一起烩，也都是孩子喜爱的料理，口感滑顺好食用。

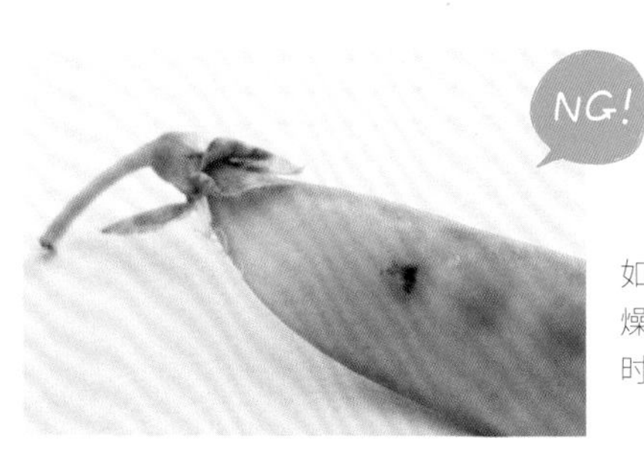


如果豆荚已枯黄或干燥，代表已经采收一段时间了，避免购买。

mini COOK

### 带孩子了解蔬菜！

**读绘本《小布种豆子》**

此书带领孩子观察荷兰豆的生长，一颗小小的荷兰豆，经过时光孕育和细心呵护，开出一朵朵白色的小花，并结出鲜美的荷兰豆。此外，书中也能看到荷兰豆花需借助蜜蜂、蝴蝶等昆虫授粉，才能结出荷兰豆，使孩子了解我们吃的食物都是得来不易的，从小养成珍惜食物的好习惯。

出版社：小树苗教育出版社（中国香港）
出版日期：1999/02/01
作者：Lars Klinting

# 荷兰豆洋葱法式咸派

Recipe

做成派改变外观和口感

**食材**

荷兰豆（已去豆荚）200g
橄榄油 2 大匙
洋葱 80g
鸡蛋 2 个
鲜奶油 80g
奶酪末 50g
派皮 1 个
牛奶 50g
坚果碎 10g

**做法**

1. 锅中放水，水煮开后放入荷兰豆烫熟，然后泡入冰水中，沥干与橄榄油一起放入果汁机，打成滑顺的豆泥；洋葱洗净，切碎备用。
2. 锅中倒油，油热后放入洋葱末，将洋葱末炒至透明软化。
3. 将鸡蛋打入碗中，与鲜奶油、牛奶、**做法 1** 的豆泥、坚果碎、洋葱和奶酪末搅拌均匀。
4. 将**做法 3** 的蛋液倒入派皮中，放入预热至 180°C的烤箱烤 20 分钟。

## 把豆豆变成馅料，做成缤纷派

许多孩子不喜欢绿色豆类，特别是和饭炒在一起时，豆豆往往都被挑出来或剩下。改将荷兰豆、橄榄油、奶酪混合打成泥做馅，一方面去掉豆子的腥味，改变其松松的口感，另一方面可同时摄取植物性钙与动物性钙。若孩子对荷兰豆接受度不高，可尝试使用冷冻的三色蔬菜，让料理色彩缤纷，从视觉上吸引孩子尝试吃。

# 甜菜根

含有花青素的护心蔬菜

变好吃！
做成蔬果汁减少土味
食谱请见 P.178

营养特点

## 护心又抗氧化抗发炎

甜菜根含有丰富的膳食纤维和钾、钙、镁等营养素，对于肌肉调节很有助益，还能平衡电解质、预防高血压。在近年流行的植化素中，甜菜根所富含的红紫色前花青素，具有抗氧化及抗发炎的作用，可有效中和自由基，预防心血管疾病。研究显示，甜菜根所含有的甜菜素能增加血液中硝酸盐的含量，使血液中的一氧化氮增多，对血压、血小板及内皮细胞等皆有益，也有利于舒张血管、促进血液循环，是相当好的护心蔬菜。

甜菜根长在地里的样子。

盛产季　冬、春（每年 12 月至来年 4 月）

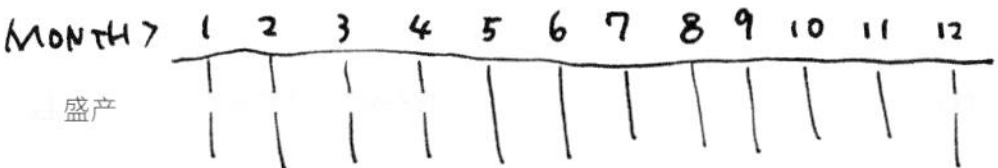

营养升级

## 多吃甜菜根可预防抽筋

若家中有热爱运动的孩子，特别建议孩子饮用加了青苹果和胡萝卜的甜菜根苹果汁，可增加血液流量、补充电解质，运动前后都适合喝。此外，容易抽筋的孩子也建议多补充甜菜根，以降低抽筋发生的概率。

带孩子了解蔬菜！

**厨事游戏：自制甜菜根面条**

甜菜根富有鲜艳的天然色素，带着孩子把甜菜根汁和面粉揉在一起，做出梦幻般粉红色的面条吧！先将 30g 甜菜根榨成汁，配上 100ml 水和 400g 低筋面粉，以及少许盐和橄榄油，和在一起揉至光滑，将面团擀平后再切成面条。面条煮熟即可食用，比一般的白面条更有营养。

小孩食用注意

由于甜菜根富含膳食纤维，因此孩子需要多咀嚼才能吞咽，可有效降低龋齿的发生率。但如果孩子有腹泻的症状，建议喝汁即可，不要吃渣，以免使腹泻加重。另外需要注意的是，甜菜根钠离子含量也很高，建议烹调的时候不要加入太多的盐。

Recipe

做成蔬果汁减少土味

# 甜菜根苹果汁

食材

甜菜根 1 个
青苹果 1 个
胡萝卜 1 根

做法

1. 将甜菜根、青苹果和胡萝卜洗净去皮，削成小块。
2. 将所有食材倒入果汁机中，加凉开水搅打成汁。

## 用甜味蔬果遮盖甜菜根的土味

甜菜根做料理，难免会有土味，但把它与甜甜的蔬果一起打成汁，不讨喜的土味就能减少许多。甜菜根除了营养丰富，也是相当健康的天然染料！可以将甜菜根与水以 1 ：1 的比例榨成汁，加上适量的中高筋面粉，让小朋友动手揉成最健康安心的自制黏土。

# 豌豆苗

需要补铁的孩子可多吃

营养特点

## 营养素品种多且含量非常高

豌豆苗别名豆苗、豆须、荷兰豆苗（须）、飞龙豆苗，是豌豆的幼苗，含有丰富的膳食纤维（每 100g 豌豆苗含有 2.6g 膳食纤维），容易便秘的孩子可多吃一些。维生素 C 和铁的含量也非常高，很适合贫血、需要补铁的孩子吃。此外，还含有 B 族维生素、β-胡萝卜素、叶酸和多种矿物质，是营养价值高的蔬菜。

变好吃！
做成米饼让纤维变细
食谱请见 P.182

叶面不完整，或叶片摸起来水分不足的豌豆苗，不建议购买。

盛产季　冬、春（每年 12 月至来年 3 月）

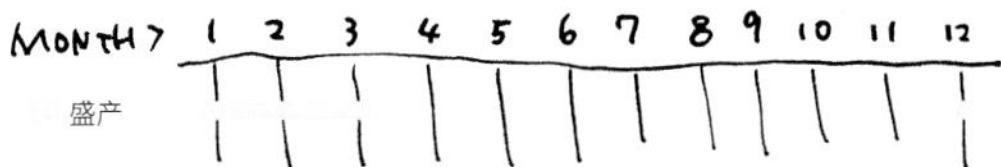


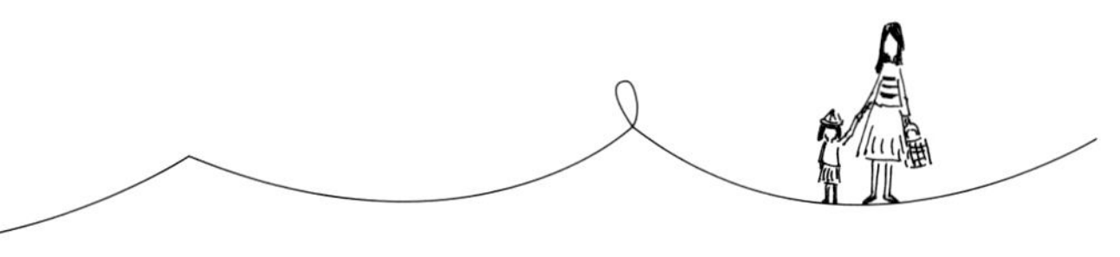

营养升级

## 快炒以保留维生素 C

每 100g 豌豆苗含有 67mg 维生素 C，是补充维生素 C 相当不错的蔬菜选择。若想多保留一点儿维生素 C，建议用快炒的方式，或用无水锅烹调，在烹煮时不要加太多水，尽量缩短加热时间，避免维生素 C 在加热过程中流失太多。在下页介绍的食谱翠绿米饼中，豌豆苗与糯米粉、玉米淀粉及白芝麻混合，煎成脆脆的小圆饼，不仅有淀粉，还有蛋白质及膳食纤维，很适合给孩子当点心。

mini COOK

### 带孩子了解蔬菜！

**种植游戏：豌豆苗长大了**

带孩子一起种菜，也是食育的方法！豌豆苗的栽种容易上手、失败率低，可以让孩子亲手种植，待收成时即可享用。先取适量干豌豆用水浸泡一晚，第二天将不好的种子挑出来，将卫生纸铺于豌豆底下即可等待发芽。种植豌豆苗种植有几个要点：①水要淹过根部；②放置室外阴凉通风处；③采收时只要将上方的苗剪下，剩下的会继续生长，可采收 3~4 次。让孩子每天写自然观察笔记，和食用作物更贴近！

# 翠绿米饼

Recipe

做成米饼减少纤维感

**小孩食用注意**

如果孩子的消化能力较弱、或较容易胀气，建议将食谱中的糯米粉改成面粉。此外，豌豆苗吃起来有一点儿涩涩的感觉，适合和鸡蛋一起烹调，比如豌豆苗炒蛋，利用蛋的滑溜口感，减轻豌豆苗的涩味。用豌豆苗煮汤也很适合，但不要煮得时间太长，避免营养流失太多。

**食材**

豌豆苗 30g
糯米粉 60g
玉米淀粉 20g
白芝麻少许
橄榄油 1 大匙
盐少许

**做法**

1. 将豌豆苗洗净切碎，备用。
2. 将所有干粉过筛，混入切碎的豌豆苗和盐，慢慢加入凉开水搅拌，揉成圆形并压扁。
3. 让米饼的两面都沾上白芝麻，并撒盐调味。
4. 加热平底锅，放入橄榄油，将米饼煎至两面金黄即可。

## 让蔬菜纤维变细更好入口

豌豆苗就是豌豆长出来的幼苗，虽然很有营养，但细细长长的纤维却常会使幼儿难以咀嚼，是很多小小孩不喜欢吃的主要原因。把豌豆苗切碎，再用糯米粉做成咸咸甜甜的米饼，外层加上香酥的芝麻，改变烹调方法让孩子尝试，或许能够俘获孩子的胃。

保护视力与皮肤健康

# 胡萝卜

营养特点

## β– 胡萝卜素抗氧化又护眼

吃起来微甜、小白兔最爱的胡萝卜，富含钾和膳食纤维，还含有少许淀粉，不仅能促进孩子的胃肠道蠕动、帮助消化，更有大家熟知、能在人体内转化为维生素 A 的胡萝卜素（每 100g 胡萝卜能提供 4010μg 胡萝卜素），对孩子的夜间视力及皮肤健康很有帮助，还能抗氧化、清除自由基、预防癌症。

变好吃！
做成馅饼减少土味
食谱请见 P.186

还有更多胡萝卜家族！

**樱桃萝卜**

外皮虽然艳红，但切开后是白色的，肉质细，常被拿来做料理装饰。

**美国进口萝卜**

比台湾地区产的胡萝卜细长，甜度也更高。

盛产季　冬、春（每年 12 月至来年 4 月）

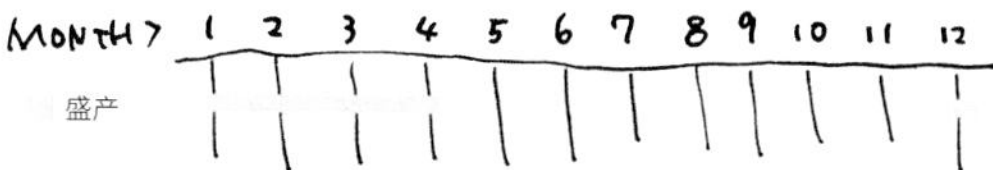

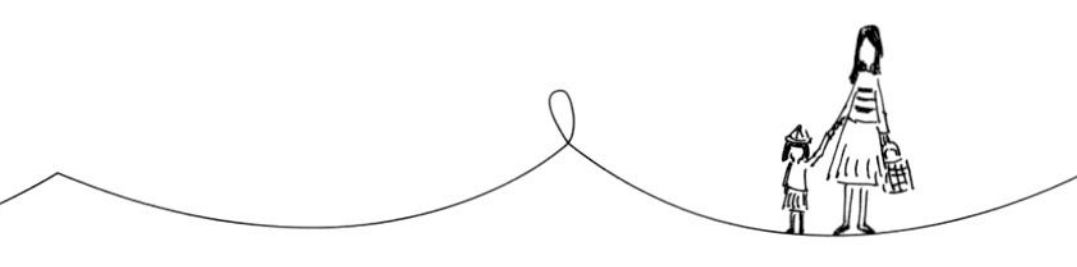

营养升级

## 与肉类或油脂同煮营养更佳

胡萝卜素都是脂溶性的，脂肪可刺激胡萝卜素的吸收，因此油炒后熟食是让胡萝卜营养提升的烹调方式。比如胡萝卜炒鸡蛋或加入鸡蛋做成馅饼，含有淀粉、蛋白质及膳食纤维，营养均衡，很适合做孩子的早餐。食用油和鸡蛋含有的卵磷脂，有利于身体顺利吸收胡萝卜中的各种营养素。也可以和肉一起煮汤，利用肉中的脂肪溶解胡萝卜素，既能增加膳食纤维，又能减少肉类摄取量，更健康营养。

小胡萝卜

颜色种类较多，滋味浓郁香甜，可以带皮吃，非常美味。

mini COOK

带孩子了解蔬菜！

厨事游戏：
把胡萝卜变可爱

胡萝卜绝对是孩子讨厌的蔬菜前 10 名之一！其实只要改变烹调方式或改变胡萝卜的形状，就可以增加孩子的好感。市面上有许多饼干模型，可以和孩子一起寻找喜欢的饼干模型，然后将胡萝卜烫熟切片，放入模型中，将胡萝卜变成可爱的形状，提高孩子对胡萝卜的接受度。

Recipe

# 胡萝卜馅饼

刨丝做成甜甜的馅饼

**小孩食用注意**

6个月至1岁的孩子，每餐要有饭、菜、肉或鱼类，其中蔬菜10~15g。要注意不要过量摄取胡萝卜，否则会因为β-胡萝卜素过多而使皮肤变得黄黄的（停止食用即能改善）。上幼儿园的大宝宝，一天吃半根胡萝卜是没有问题的。

**食材**

胡萝卜 1 根
鸡蛋 2 个
中筋面粉 3 大匙
盐 1 小匙
无铝发酵粉 ½ 小匙
橄榄油少许

**做法**

1. 将胡萝卜洗净并刨成丝，鸡蛋打散，备用。
2. 将鸡蛋液、中筋面粉、盐、无铝发酵粉混合在一起，搅打至平滑。
3. 将胡萝卜丝混入**做法 2** 中搅拌成胡萝卜面糊。
4. 将橄榄油倒入平底锅，用中火加热；将一大匙胡萝卜面糊倒入，煎至两面金黄。

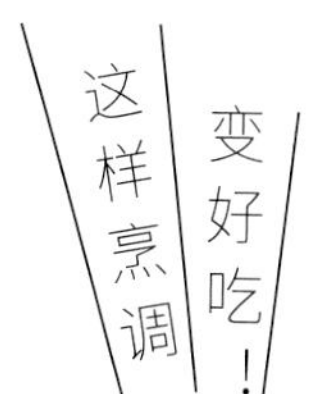


## 刨丝让胡萝卜味减少，但可以留住甜味

胡萝卜有一种特殊的味道，很多孩子不喜欢。可以用食物料理机将胡萝卜打成泥，或切成小丁，再或者刨成丝，拌入面糊中做成讨喜的馅饼。拌面糊时还可以加点儿香草。从泥状到小丁状到刨丝，渐进式地带孩子吃。当孩子渐渐习惯后，就可以改用其他烹调方式了。

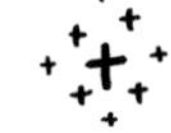

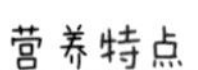


## 矿物质丰富能调节体内酸碱值

荸荠含有多种维生素及矿物质，如钾、镁、铁、锌、硒、维生素 C 及 B 族维生素等。其磷含量相当高，对孩子的牙齿及骨骼健康有益，磷还可参与调节体内酸碱值。每 100g 荸荠含有 14.2g 碳水化合物，可提供 61kcal 热量，是可以部分替代主食的蔬菜，吃起来较有饱腹感。若孩子不喜欢吃米饭，妈妈可试着在料理中添加荸荠。

变好吃！
改变口感做成点心
食谱请见 P.190

未削皮且沾有泥土的荸荠更新鲜。

盛产季　冬（每年 12 月至来年 1 月）

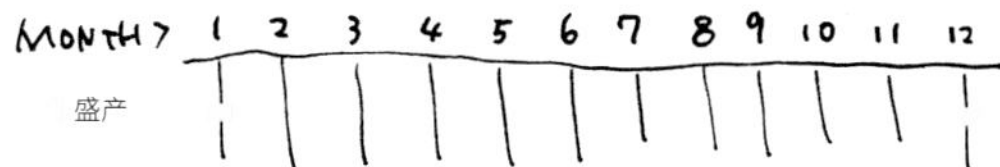


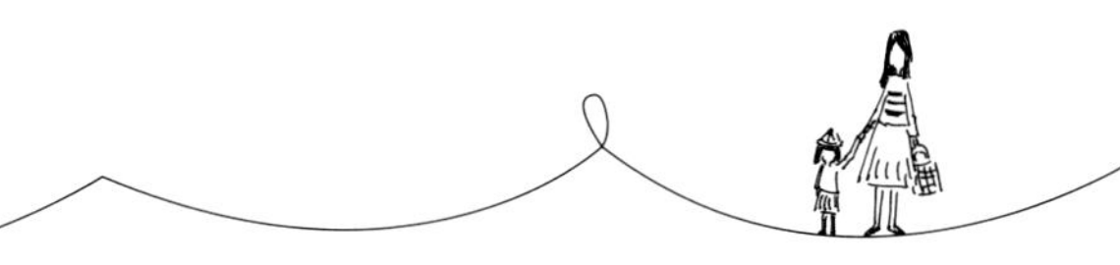

营养升级

## 与肉类同煮或替代主食

荸荠很适合与各种可生食的蔬菜一起做成凉拌菜，或与肉类一起料理，一方面避免动物性脂肪摄取过多，另一方面可丰富口感、增加纤维素的摄取量。建议将荸荠剁碎加入狮子头、肉饼等料理内，软软的肉搭配脆脆的荸荠，不仅可使口感更丰富，让孩子的接受度更高，也可以增加膳食纤维的摄取，帮助肠道蠕动。

mini COOK

带孩子了解蔬菜！

小故事：仙马的马蹄

荸荠又名“马蹄”，相传是源自孙悟空在天庭当弼马温时，由于玩忽职守，仙马便趁机溜入凡间，和农民成了好朋友。直到某天，失踪的仙马被玉帝发现，玉帝命雷神下凡找回仙马，仙马在慌乱逃命时，后蹄被雷神砍下。当地农民看到马蹄，知道仙马遭难，就把马蹄埋入田中悼念。1 年后，他们发现马蹄发芽，泥土里长出了好吃的果子。为了纪念仙马，就把这果子取名为“马蹄”。别看荸荠外皮硬硬的，里头可是充满水分、口感甜脆，烹调时可以一起带着孩子认识根茎类作物的特点，给孩子讲传说故事哦！

Recipe

# 牛奶荸荠糕

清爽有奶香的小点心

食材

荸荠 250g
牛奶 100g
砂糖 65g
红薯淀粉 100g
椰子粉少许

做法

1. 将荸荠洗净后去皮，切成小丁或碎末。
2. 红薯淀粉加少量开水，混合成红薯淀粉水。
3. 将荸荠丁放入锅中，然后倒入牛奶，稍微加热后加入砂糖搅拌至溶解。
4. 将**做法 3** 加入红薯淀粉水中，搅拌后倒入食物模具中。
5. 用中火蒸 10 分钟后取出，冷却后切割成适口大小，外层沾上椰子粉即可。

## 用蒸的方式保留荸荠的脆甜口感

说到用荸荠做料理，最有名的就是港式点心马蹄糕。我们也把荸荠做成点心，但不用油烹调，改用蒸的方式做成更清爽、有奶香的小点心。荸荠去皮后容易变色，如果削皮后没有马上烹调，要先泡入水里，避免氧化变黑而破坏卖相。

# 洋葱

营养特点

## 挥发性化合物能促进食欲

生吃呛辣但煮熟微甜的洋葱，是中西皆宜的一种食材，不论中式还是西式烹调，味道都相当棒。研究发现，在烹煮洋葱的过程中，可以产生50 种挥发性化合物，其中有两种挥发性化合物具有甜味及烤肉香味，因此，洋葱很适合给食物增加香气，让胃口不好的孩子产生食欲，比如煮咖喱或蔬菜浓汤都很适合。洋葱也是高钾低钠的蔬菜，还含有较多的钙和硒，对孩子的生长发育有益。

变好吃！
做成零食减少辣味
食谱请见 P.194

还有更多洋葱家族！

**白洋葱**

整颗都是白色的，又称牛奶洋葱，水分与甜度比一般洋葱高。

**小紫洋葱**

外皮淡紫色，微辣，做沙拉或凉拌很适合。

盛产季 冬、春（每年 12 月至来年 4 月）

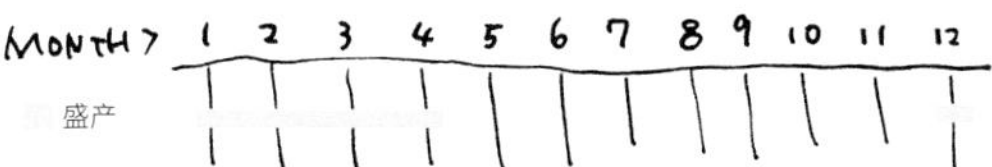

带孩子了解蔬菜！

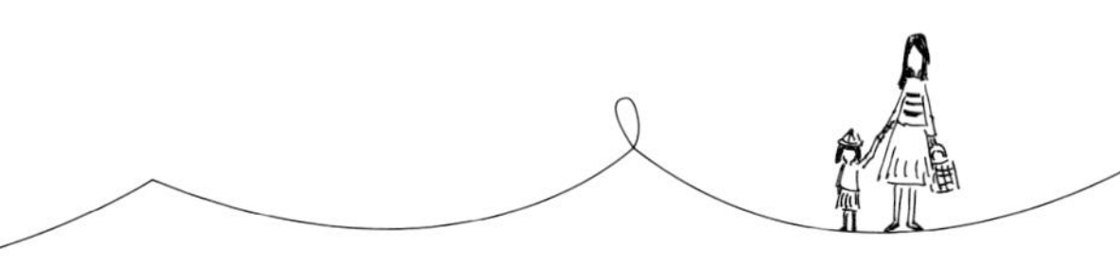

营养升级

## 做成洋葱冰块增添风味与营养

洋葱具有高钙低草酸的特性，能避免草酸抑制钙的吸收，特别适合生长期的孩子食用。建议妈妈们可将 1~3 个洋葱切块后隔水蒸软，然后打成汁，放冷冻室做成冰砖，不管做什么菜都可以用其增添风味，非常方便。洋葱中的营养成分可降低破骨细胞的生成率，有效改善骨质疏松，以保持骨骼的健康，运动量大的孩子可以多吃。

**自然游戏：洋葱染布小手作**

洋葱皮含有天然的黄色色素，只要将剥下的洋葱皮放入水中煮，煮沸后色素就会被萃取出来。取一块白色的棉布，先捏出几个角，再用橡皮筋绑紧，直接放入洋葱皮水中，用小火使洋葱皮色素上色到布料中，不同的绑法会变出不同的花纹哦！除了橘褐色的洋葱，也有整颗全白的白洋葱、不太辣的红洋葱，以及小紫洋葱，带孩子逛市场时，一起找寻不同颜色、品种的洋葱吧。

**红洋葱**

外皮与轮廓都是深紫红色，吃起来不是很辣。

# 香酥洋葱圈

Recipe

做成零食减少辣味

**小孩食用注意**

洋葱含有槲皮素，槲皮素属黄酮类化合物，不仅可以清除自由基，还能调节免疫功能、为孩子打造抗发炎体质。若希望借由吃洋葱多摄取槲皮素，建议把洋葱煮熟后再给孩子吃，这样吸收效果会比较好。

**食材**

洋葱 1 个
中筋面粉 125g
盐 2 小匙
全脂酸奶 225g
鸡蛋 2 个
日式面包粉 150g
橄榄油适量

**做法**

1. 第一碟：将中筋面粉、1/2 酸奶和 1 小匙盐混合。
2. 第二碟：将剩余的 1/2 酸奶和蛋液混合。
3. 第三碟：将日式面包粉、橄榄油和盐 1 小匙混合。
4. 洋葱洗净后横切成圆环状。
5. 制作外皮：将洋葱圈依序放入第一碟、第二碟和第三碟中沾取相应的食材。
6. 烤箱预热至 225°C，将烘焙纸放在烤盘上。将沾好外皮的洋葱圈放在烤盘上，放入烤箱烤 15~20 分钟，待洋葱圈呈现漂亮的金黄色即可。

### 酥香烘烤，让洋葱辣味消失

有些孩子不喜欢洋葱烹调后软软的口感，或生吃时的辣味，所以这道食谱把洋葱做成烤箱料理，让洋葱变得脆脆香香的，但又没有油炸的高热量，是很简单方便的点心。

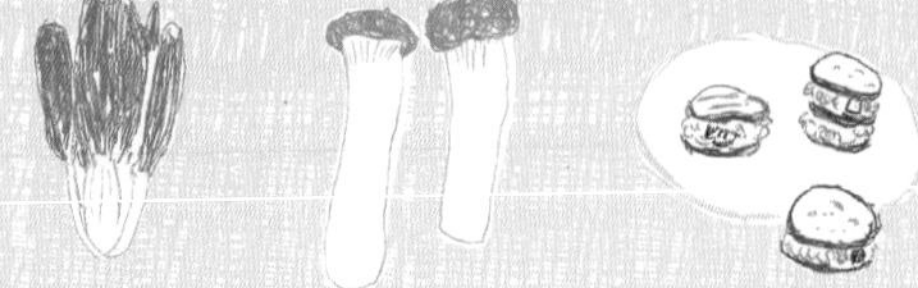

# 2-5

# 全年蔬菜&调味蔬菜

营养特点

## 富含膳食纤维与维生素 A

红薯叶是很平民的常见蔬菜，含有丰富的膳食纤维、维生素 C、胡萝卜素、钾、钙、铁等营养素，营养价值可以说是蔬菜界的第一名。除了可以抑制脂肪生成、减少甘油三酯累积，对肺部健康也很有益。其所含的胡萝卜素对保护皮肤黏膜、视力和身体抗氧化等有正向效果，并且有助于提高孩子的免疫力、避免感冒，特别推荐妈妈们常买来烹调。

变好吃！
改变口感做成蛋饼
食谱请见 P.200

选购红薯叶时，以茎部切口不太干燥或纤维粗的为佳。

盛产季　全年

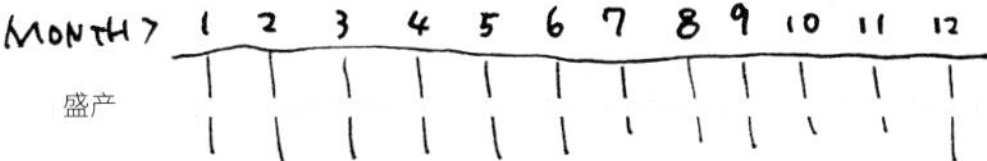


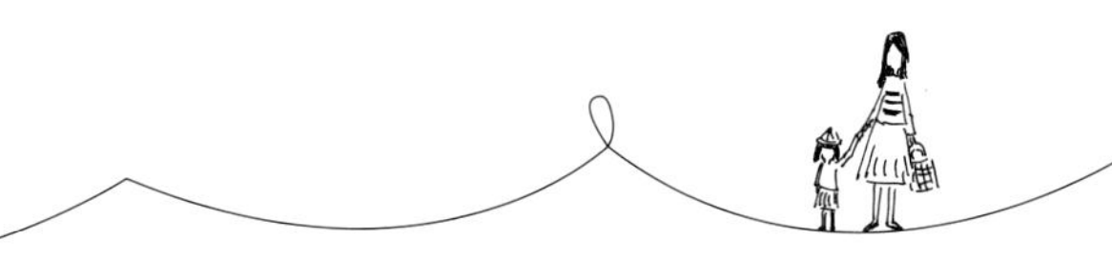

营养升级

## 快炒以保留脂溶性营养素

加油用大火快炒的方式，最能保留红薯叶中的脂溶性营养素，是最简易的料理方式。而用红薯与红薯叶做成亲子饼的创意吃法，则可使宝宝同时吃到红薯和红薯叶中的营养素，它们的胡萝卜素含量都很高，能保护孩子的视力。此外，把红薯切片当成饼，用红薯叶做馅夹入饼中，可增加膳食纤维和淀粉的摄入量，是既有饱腹感又有新鲜感的有趣吃法。

mini COOK

带孩子了解蔬菜！

**自然游戏：种红薯叶**

红薯叶生命力强，很适合带着孩子一起种植，建自己的家庭小菜园！到市场买一把红薯叶，部分叶片取下食用，留生长良好且有须根的枝条插枝种植。留下的枝条先放入水中养根，2~3 天长出细根后，即可移植到土里斜插栽种。

还有更多红薯叶家族！

**紫薯叶**

整株是深紫色的，口感较粗涩，但多酚含量高。

# 薯叶亲子饼

做成蛋饼改变口感

Recipe

**小孩食用注意**

红薯叶栽培容易且生长迅速，全年都可采收，因此价格不高，同时还是农药相对少的蔬菜。红薯叶的草酸含量比红薯更低一些，担心结石问题的妈妈们，不妨多煮红薯叶，红薯则摄取少一些。若要给小小孩吃，建议将红薯叶切细一些、煮烂一点儿，比较容易吞咽。

**食材**

红薯 1 个
洋葱 150g
红薯叶 1 把
盐 1 小匙
大蒜 1 瓣
鸡蛋 2 个
小番茄 5 个
橄榄油少许

**做法**

1. 将烤箱预热至 230℃，红薯洗净，连皮切成厚片，把薯片的两面均匀地刷上橄榄油，放入烤箱烤 35 分钟后取出备用。
2. 将洋葱切碎，红薯叶切细碎，大蒜切末，小番茄去蒂对半切开，备用。
3. 加热平底锅，放入洋葱炒至软化透明，加入蒜末、红薯叶快炒，用盐调味。
4. 取一大碗，打入蛋液，与**做法 3** 炒好的食材和小番茄一起拌匀，倒入圆的小烤模内（烤模内可刷点儿油），放入预热至 180℃ 的烤箱烤 20 分钟。
5. 将**做法 4** 烤好的蛋饼夹入烤好的红薯片中间即可。

## 把软软的叶子剁碎，做成美味蛋饼馅

红薯叶不是很耐炒的蔬菜，有些孩子不太喜欢它炒过后软软的口感。把它剁碎做成蛋饼馅，夹入红薯片中一起吃，保证端上桌会让孩子的眼睛一亮！做法 4 的拌料、填馅工作，可以让孩子也参与，借此让孩子了解红薯和叶子都是可食用的，而且营养满分哦！

# 绿豆芽

可清热解毒利尿除湿

营养特点

## 补充维生素 C 又消除疲劳

变好吃！
做成煎饼减少生味
食谱请见 P.204

绿豆芽是绿豆经浸泡后发出的嫩芽。绿豆在发芽过程中，氨基酸可重新组合，使绿豆中较为缺乏的氨基酸含量大幅度提高，并使氨基酸的比例更适合人体的需要。中医认为绿豆芽味甘、性凉，经常食用可清热解毒、利尿除湿。此外，绿豆芽还含有天冬氨酸，能消除疲劳，若家里有需要挑灯夜战的考生，不妨常做绿豆芽给他们吃。

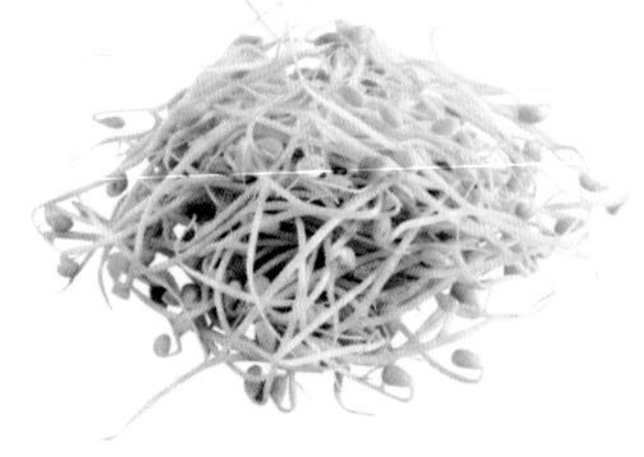

除了绿豆芽以外，还有比较粗大、很适合煮汤或凉拌的黄豆芽。

盛产季　全年

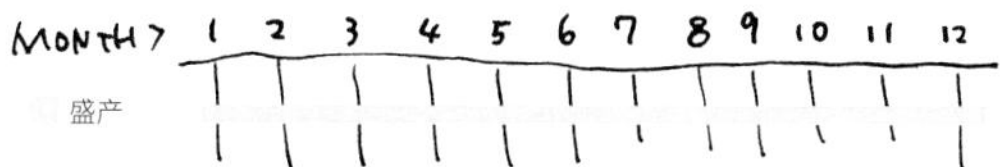


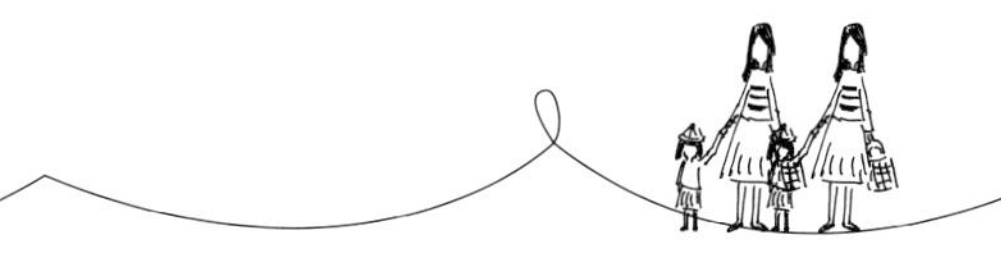

营养升级

## 增加其他蔬菜，以促进维生素的吸收

下页介绍的食谱把绿豆芽与米线一起做成有脆脆口感的煎饼，还加了胡萝卜与青葱，可以增加膳食纤维，并提供胡萝卜素，对孩子的肺部、气管都很好，比一般早餐店的蛋饼纤维含量高出很多，是很棒的早餐。另外，鸡蛋中的蛋白质和绿豆芽中的维生素 C 相遇，可以形成胶原蛋白，可保护皮肤、促进骨骼发育。

mini COOK

### 带孩子了解蔬菜！

**读绘本《妈妈，买绿豆！》**

豆芽是豆科种子发芽的作物，供人食用。豆芽生长条件简单，只需要有充足的水分即可。可借助绘本《妈妈，买绿豆！》带孩子在室内种植豆芽，不仅不用怕吃到漂白过的豆芽，而且可借此培养孩子的观察力。爸爸妈妈们，不妨让孩子种点儿绿豆芽、红豆芽、黄豆芽，看看植物的生命力吧！

出版社：明天出版社
出版日期：2016/01
作者：文 / 曾阳晴　图 / 万华国

**小孩食用注意**

绿豆芽最大的食品安全风险就是可能会被漂白，建议购买时挑干的绿豆芽为宜，不要挑泡在水里的。买回家后，用温水浸泡后再烹调比较安全。由于绿豆芽含有维生素 C，建议用油快炒，以缩短加热时间，减少维生素 C 的流失。若孩子有创伤感染或家里有人抽烟，维生素 C 的摄取就更加重要了。

Recipe

# 银芽米线煎

有脆感的快速煎饼

食材

绿豆芽 100g
胡萝卜 20g
青葱段 20g
米线 1 把
鸡蛋 1 个
中筋面粉 1 大匙
麻油 1 大匙

做法

1. 锅中放水，将水煮开放入米线，煮至约七分熟，捞出沥干水分。
2. 将绿豆芽洗净（可去掉头尾）、胡萝卜切丝，放入大碗中，与青葱段、米线拌匀。
3. 打入 1 个鸡蛋，再加入 1 大匙中筋面粉，用手抓拌均匀。
4. 加热平底锅，倒入麻油，将**做法 3** 的米线放入平底锅铺匀，用中小火煎 3 分钟后翻面，再煎 3 分钟，至两面皆呈金黄色即可。

## 保留绿豆芽的脆感，做成香酥煎饼

不少孩子讨厌汤面里有绿豆芽，常会把它留在碗底不吃。遇到这样的情况，不妨把绿豆芽放在面糊里做成煎饼，香酥可口，无形间绿豆芽就被孩子吃下肚了。也可以把胡萝卜换成别的孩子喜欢的蔬菜，制作简单而且营养多元。

# 芥蓝

十字花科抗癌又高钙

营养特点

## 胡萝卜素、维生素 C、钙含量多

芥蓝属于十字花科，含有吲哚类硫代葡萄糖苷——既能抗癌又能抗老化。芥蓝亦是钙含量很高的蔬菜，每 100g 芥蓝含钙 128mg，比牛奶的钙含量还多，是能为孩子强效补钙的食材之一。此外，芥蓝所含有的维生素种类也很丰富，除了富含胡萝卜素之外，维生素 C 的含量甚至比柑橘类还高。建议挑选嫩一点儿的小芥蓝，先汆烫一下去除苦味，再加油炒食，会更好入口。

变好吃！
做成零食减少苦味
食谱请见 P.208

还有更多芥蓝家族！

**白花芥蓝**

叶茎呈深绿色，比较短，花蕾是白绿色的。

盛产季　全年

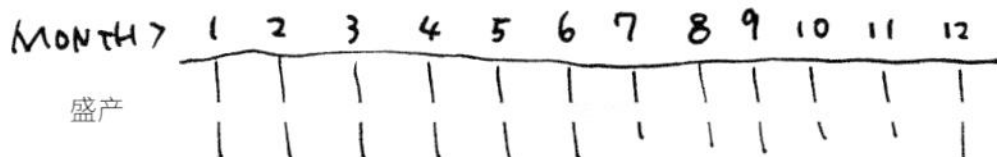


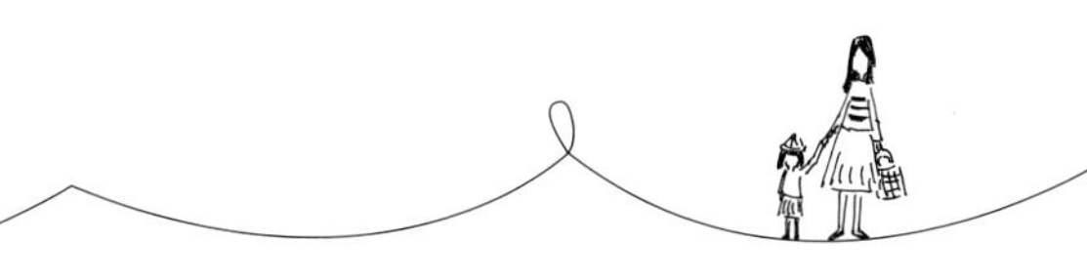

营养升级

## 与牛肉同煮，吸收双重铁

芥蓝很适合与肉类同炒，尤其是与牛肉同炒，因为它与牛肉都富含铁质，一起摄取可同时吃到植物性铁和动物性铁。但建议芥蓝多放一点儿，牛肉少放一点儿，让芥蓝的纤维减少因为铁质增加而产生的便秘。此外，若孩子喜欢吃炸鸡速食，可能导致性早熟，建议妈妈多煮些十字花科的蔬菜（芥蓝、花菜），有解毒的功效。但最好是新鲜的十字花科蔬菜，而非腌渍品。

mini COOK

带孩子了解蔬菜！

**读绘本《爱吃青菜的鳄鱼》**

通过绘本让孩子了解吃青菜与身体健康的关系，并与孩子讨论除了芥蓝外，还有哪些食材也是绿色小英雄，能保护我们的身体。最后可以带孩子到市场采买芥蓝，引导孩子选购新鲜的绿色小英雄保护自己。

出版社：信谊基金出版社（中国台湾）
出版日期：2016/01/01
作者：〔中国台湾〕汤姆牛

**黄花芥蓝**

叶片是黄绿色的，叶茎较修长，花蕾是黄色的。

Recipe

# 苦味不见了的小零食
# 香烤芥蓝脆片

**食材**

芥蓝 1 把
低筋面粉 80g
无铝泡打粉 1 小匙
鸡蛋 1 个
冰水 100g
砂糖 1 小匙
盐 1 小匙
橄榄油 2 大匙

**做法**

1. 先制作面衣：取一大碗，倒入低筋面粉、无铝泡打粉和砂糖，先过筛，接着打入鸡蛋液，和冰水、盐混匀。
2. 将芥蓝洗净，去除粗梗。
3. 将烤箱预热至 180℃，在烤盘上铺烘焙纸，涂上一层橄榄油。将芥蓝一一沾上面衣，置于烘焙纸上，放入烤箱烤 10 分钟（烤的过程中请观察颜色并翻面，好让芥蓝能烘烤均匀）。

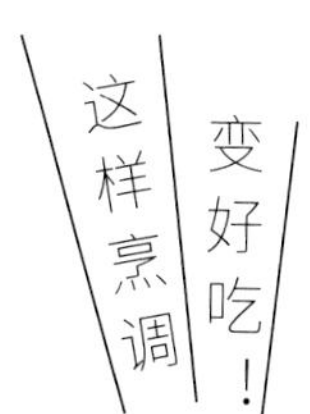


## 改用烤把芥蓝做成不苦的脆片点心

芥蓝吃起来有苦苦的味道而且不太好咀嚼，我们让芥蓝改头换面，不再是蔬菜的样子，变成了香脆可人的小零食。利用薄脆面衣包裹住芥蓝，让营养不易流失。用烤的方式取代油炸，一样能营造出香脆口感，却少了油炸的负作用。

# 油菜

营养素均衡有益成长

营养特点

## 钙含量较多，对牙齿、骨骼健康有益

油菜属于十字花科，它有个可爱的绰号——汤匙菜。油菜含有钾、钙、镁、胡萝卜素、维生素 C，是一种营养素均衡的蔬菜。油菜的钙含量较多，而且草酸含量比较低，可以避免草酸与钙结合而被排出体外，多摄取油菜可以维护孩子的牙齿健康，避免骨质疏松或软化，对长高也有帮助；而胡萝卜素则可帮助孩子预防干眼症，也能让口腔、气管、小肠黏膜都能正常分泌黏液。

变好吃！
做成菜饭改变口感
食谱请见 P.212

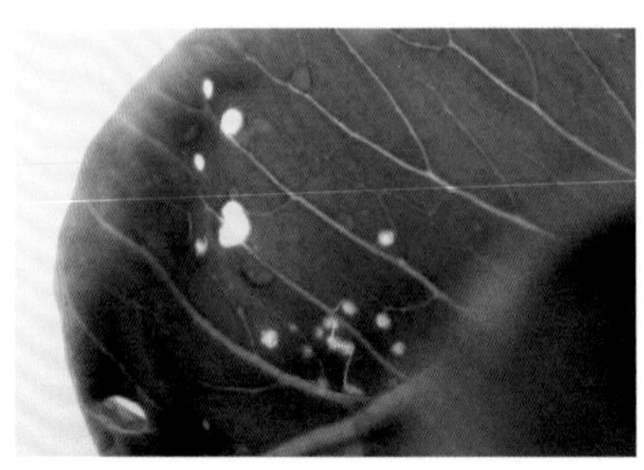

油菜也是虫子喜欢的蔬菜之一，菜叶上若有一点儿虫咬是正常的。

盛产季 全年

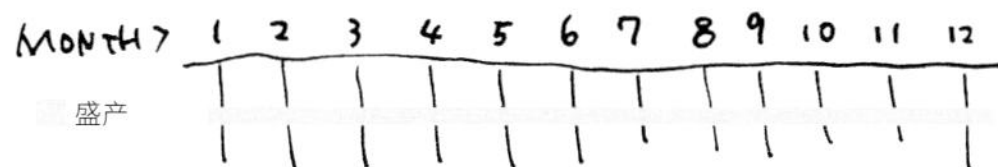


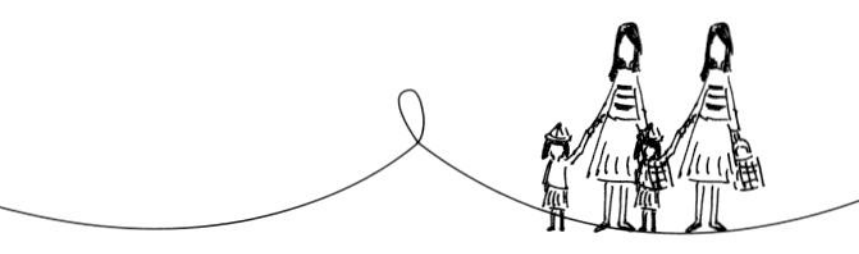

营养升级

## 搭配菇类一起吃增强免疫力

油菜搭配新鲜香菇做成菜饭，这样的食材组合可以增强孩子的免疫力。因此，油菜和香菇片、木耳混炒或煮汤也都是不错的烹调选择。除了炒食，将油菜剁碎包馄饨或水饺也可以，特别是要给小小孩吃的时候；也可以和肉馅混合做成肉丸，给宝宝当辅食。另外，把油菜切丝，和胡萝卜丝、鸡蛋液混合煎成蛋饼，是营养丰富的美味早餐。

mini COOK

带孩子了解蔬菜！

### 肥厚的茎部像汤匙

油菜的生长期1个月左右，是全年都有的蔬菜。选购时，要选择叶片完整、肥厚均匀、没有腐烂或枯萎且茎部富含水分、不干瘪者为佳。买回家后，可先将油菜根部的脏污去除，将根茎部洗干净，并用湿纸巾包起来，再装入塑料袋内，放蔬果室冷藏，可保存3~5天。

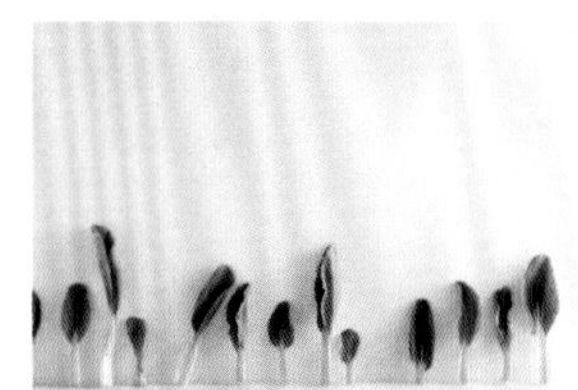

油菜的茎部肥厚又有弧度，外形很像汤匙。

Recipe

# 简易上海菜饭

做成菜饭改变口感

**小 孩 食 用 注 意**

油菜是农药残留比较多的蔬菜之一，建议通过浸泡、流水冲洗等方式洗净。外食选择青菜汤时，尽量不要喝汤，一来少摄入热量和钠，二来可减少摄取蔬菜上可能残留的农药。此外，不建议用小苏打粉清洗蔬菜，因为会减损蔬菜中的维生素 $B_1$。

### 食材

油菜 2 把
混入红藜麦的白饭 1 杯
大蒜 2 瓣
新鲜香菇 2 朵
猪肉 30g
高汤 1 大匙

[ **腌料** ]
酱油 ½ 小匙
米酒 1 小匙
玉米淀粉 ½ 小匙

### 做法

1. 将油菜洗净，菜梗和菜叶分开并切碎。
2. 香菇切小片、大蒜切末，备用。
3. 猪肉切丝，用腌料腌 5 分钟。
4. 加热平底锅，倒入 1 大匙油，放入蒜末和香菇片，用中火炒香后再放入肉丝翻炒，盛盘。
5. 原锅放入油菜梗先炒，略炒熟后再加入菜叶拌炒，盛盘。
6. 原锅放入混入红藜麦的白饭炒散，加入**做法 4、5** 的食材，倒入 1 大匙高汤，炒到均匀收汁即可。

## 把菜梗切细，让咀嚼变容易

油菜的菜梗比较肥厚，对某些孩子来说或许不好咀嚼，所以先把菜梗切细碎，再与香菇、蒜末、腌入味的肉丝一起炒，就成了类似上海菜饭的味道。如果孩子不太喜欢吃白饭，不妨做这道营养菜饭，味道丰富，较能引起食欲。

注：
红藜麦白饭的做法：白米 1/2 杯，红藜麦 2 大匙，可先将红藜麦浸泡 1~3 小时，再加入平时蒸饭水量的 1.2 倍水煮成熟饭。

# 萵苣

含有多酚与槲皮素

营养特点

## 多酚物质能帮助抗发炎

萵苣又叫本岛萵苣、叶萵苣，萵苣并不是正名，而是闽南语，也是一般大众熟知的称呼。萵苣的铁质含量较多，另外还含有膳食纤维、钾、钙、镁和胡萝卜素、维生素 C 等营养素，算是营养素相当多样且均衡的一种蔬菜。此外，萵苣还含有多种多酚物质。多酚物质属于植化素的一种，可降低人体的炎症反应；而同为植化素的槲皮素，则能抑制基因的错误表达。

变好吃！

做成下饭菜减少苦味

食谱请见 P.216

还有更多萵苣家族！

**水耕萵苣**

用水耕方式种的萵苣味道比较淡，吃起来口感也较细致。

盛产季　全年

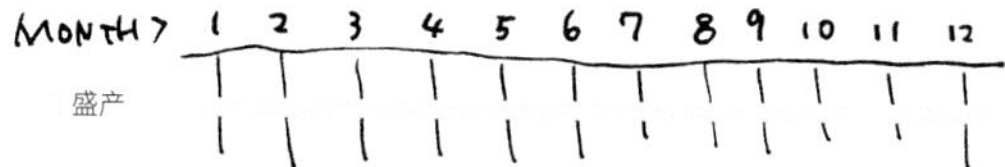


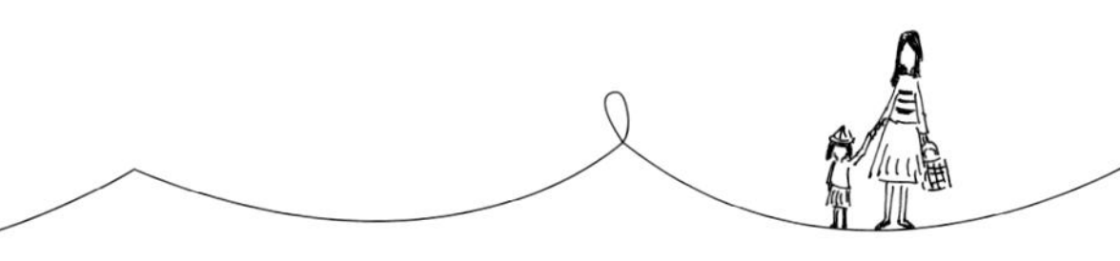

营养升级

## 快炒可减少维生素 C 流失

一般而言，含有维生素 C 的蔬菜，都建议生吃，以减少维生素 C 的流失。但对不少孩子来说，莴苣的味道实在太苦太涩了，即便煮熟了都不见得能接受，因此建议用大火快炒，能保留更多的维生素 C。下页介绍的食谱用了豆皮、胡萝卜、酱料的微微甜味降低莴苣的苦味，不妨从这道料理开始，让孩子一次先试一小口，长期下来，或许孩子对于莴苣的厌恶感能减少一些。

**莴苣心**

又称莴笋，口感很脆，可以凉拌或快炒食用。

mini COOK

### 带孩子了解蔬菜！

**读绘本《獾爸便当店》**

此书中的大厨——獾爸，根据每个客人不同的需求，贴心地制作各式各样造型的便当。借助绘本可带着孩子制作不同造型的便当，并且可以和孩子讨论莴苣的外形，运用莴苣细长的外形、饱和的绿色，做成不同的摆盘，例如摆放成头发、大草原等。有时和孩子一起用食材发现料理的各种可能，也是很有趣的交流！

出版社：大颖文化（中国台湾）
出版日期：2012/11/09
作者：〔日〕安井季子

Recipe

甜甜的日式风味

# 甜豆皮卤莴苣

**食材**

豆皮 5 片
莴苣 100g
胡萝卜 20g
新鲜香菇 5 朵
植物油少许

[ **卤汁** ]
酱油 1 大匙
米酒 1 大匙
水 3 大匙
味噌 1 大匙
砂糖 1 小匙

**做法**

1. 将莴苣洗净切小段，新鲜香菇切片，胡萝卜切丝，备用。
2. 将胡萝卜丝放进开水锅汆烫一下，捞出沥干水分。
3. 加热平底锅，倒入油，先把香菇爆香，再放入莴苣炒熟，盛盘备用。
4. 取一锅，放入以上食材煮开，然后放入豆皮，煮 5 分钟入味。
5. 将莴苣段、香菇片、胡萝卜丝包入豆皮中即完成。

## 用卤豆皮的甜味酱汁盖掉莴苣的苦涩味道

莴苣吃起来苦味很明显，利用日式做法的甜味酱汁，能把苦味盖掉一些，同时摄取到豆类的蛋白质。鼓励孩子自己将莴苣包入甜豆皮中，这样孩子更容易把料理吃光。这一方法也能用在其他不太受欢迎的蔬菜上。这道菜很下饭，若搭配白饭或糙米饭一起包进豆皮里，这一餐蔬菜纤维、维生素、矿物质、淀粉、蛋白质就足够了。

# 毛豆

高纤高钙含脂肪

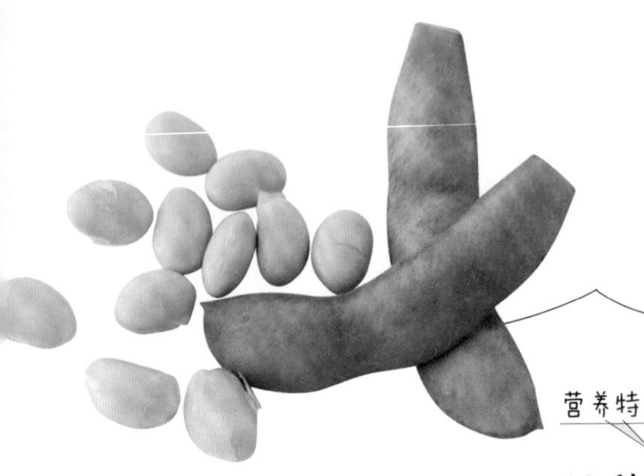

变好吃！
做成蛋饼改变口感
食谱请见 P.220

营养特点

## 12 种异黄酮提升免疫力

毛豆其实是黄豆的小时候，含有丰富的优质蛋白质、钾、镁、铁、锌、硒，以及维生素 C、维生素 $B_1$、维生素 E 等营养素。每 100g 毛豆有 4.0g 不溶性纤维、135mg 钙，对孩子来说是高纤高钙的好蔬菜。若家中吃素，毛豆是很合适的钙质来源。毛豆的脂肪含量比其他蔬菜高许多，多为不饱和脂肪酸，可改善脂肪代谢、降低胆固醇。此外还含有 12 种异黄酮，能抗氧化、提升孩子的免疫力，是营养丰富的食物。

如果要买已剥好的毛豆，需注意气味及袋中水蒸气是否过多。

盛产季　全年

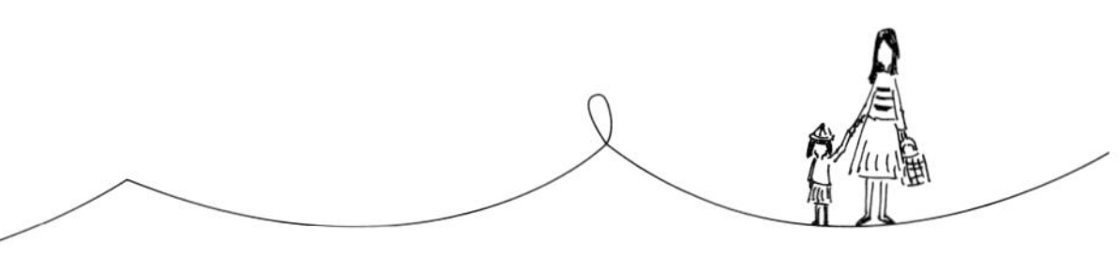


营养升级

## 与多种豆类同煮以摄取氨基酸

毛豆含有丰富的膳食纤维和蛋白质，和摄取肉、鱼比较起来，虽一样是摄取蛋白质，但相对减少许多动物性脂肪的摄取。以植物性蛋白质代替动物性蛋白质，可预防粥状动脉硬化，因为粥状动脉硬化是不分年龄、从小开始就有影响的，因此妈妈可以让孩子从小多吃植物性蛋白质，并与含有淀粉的食材一起烹调，如红豆、绿豆、玉米、糙米、豌豆等五谷杂粮，有利于摄取到完全氨基酸。

**还有哪些优质的植物性蛋白质呢？**

除了毛豆，茶豆、黑豆也都是可以多多摄取的豆类，不妨买来替换烹调。

mini COOK

带孩子了解蔬菜！

**厨事游戏：剥毛豆数数**

和孩子一起来场剥毛豆比赛吧！可以带孩子一起剥毛豆，将里面的豆仁从豆荚中挤出来。看谁可以在5分钟内剥出最多且最完整的毛豆，并让孩子自己数一共剥了几颗。这样的游戏除了可以训练孩子的精细动作，也可引入数量的概念。

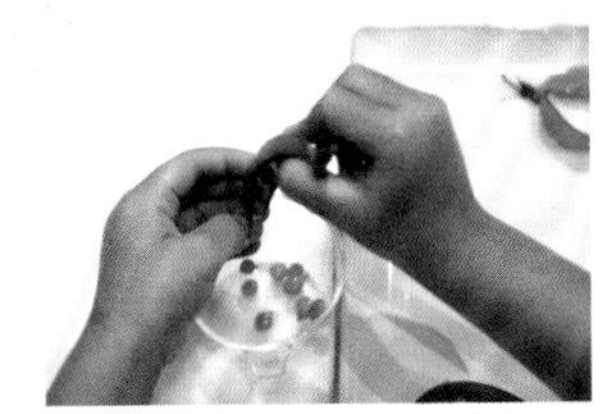

Recipe

# 超简易凉拌毛豆

高蛋白质的天然点心

**小孩食用注意**

带壳的水煮毛豆很适合给孩子当点心，但毛豆含有皂素，会影响肠胃，所以一定要煮熟后再食用。冷冻毛豆是很好的家庭常备菜，而且营养价值不比冷藏的差。若是买回一大包毛豆一次用不完，可先烫熟放凉，然后分装冷冻，方便日后使用。可以炒蛋、煮毛豆鱼片糙米粥、炒豆干或肉丁等，变化多多。

食材

毛豆 300g
大蒜 5 瓣
八角 2 粒
香油 1 大匙
盐 1 大匙
粗盐适量

做法

1. 先用粗盐将毛豆皮搓揉 3 分钟，去除豆荚表皮的细毛；大蒜切成末，备用。
2. 锅中倒入开水，放入毛豆、八角、盐，煮 3 分钟。
3. 取出毛豆并沥干，拌入香油和大蒜末即完成。

## 用香料与大蒜提味，自制毛豆点心

毛豆本身就甜甜的，只要加些香料与大蒜调味，就是很美味的天然点心了。可以一次多做一些冷冻保存，炒饭或煮粥时放一些很方便。

# 杏鲍菇

纤维多又是天然抗氧化剂

营养特点

## 麦角硫因成分能抗氧化

杏鲍菇含有大量的麦角硫因（一种人体无法自行合成，只能通过食物获得的天然抗氧化剂），具有清除自由基、抗氧化、降低炎症反应的作用。杏鲍菇不同位置的麦角硫因含量不同，含量最高的是杏鲍菇的皱褶处。此外，每 100g 杏鲍菇含有 4.2g 膳食纤维，又含有矿物质锌，不吃海鲜类食物的孩子可多摄取菇类以获取锌，锌对人的味觉、酶的生成和生长发育都有重要影响。

变好吃！
做成下饭菜减少菇味
食谱请见 P.224

**巴西小蘑菇**

又名姬松茸或小松菇，气味香浓类似杏仁，肉质甜，口感佳。

盛产季　全年

MONTH 1 2 3 4 5 6 7 8 9 10 11 12

盛产

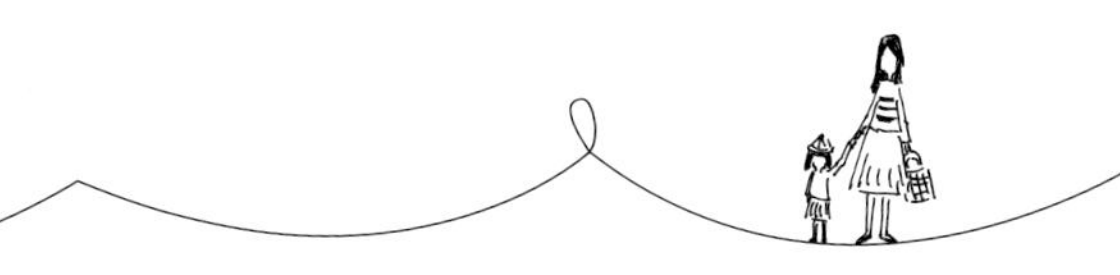

营养升级

## 搭配玉米同煮以摄取烟酸

杏鲍菇含有烟酸，对维持人体的正常能量代谢有重要影响，对孩子的消化道、皮肤和神经系统有益。若当餐吃玉米，建议搭配杏鲍菇这类含有烟酸的食物，会使玉米较易消化吸收。缺乏烟酸，容易出现舌炎、恶心、疲倦的症状。若孩子有舌头红肿、消化不好、腹泻等状况，妈妈可以用杏鲍菇煮粥给孩子吃，因为菇类纤维是水溶性的，可以吸附多余的水分。

mini COOK

带孩子了解蔬菜！

**体形为菇中之王的杏鲍菇**

杏鲍菇因杏仁的香味和菇肉肥厚如鲍鱼的口感而得名，有“菇中之王”的美名。购买时要挑选菇体颜色为乳白色、肉质肥嫩、摸起来有弹性且外观完整的。可将杏鲍菇放在冰箱中冷藏，可保存 7~10 天。但只要发现杏鲍菇表面开始发黄且出现黏液，就表示杏鲍菇已经不新鲜了，千万不要食用！

Recipe

# 杏鲍菇猪肉卷

脆脆有嚼劲

**小孩食用注意**

所有的菇类要煮到全熟才能吃，否则可能会产生香菇皮肤炎的症状。由于杏鲍菇口感较韧，建议给小小孩吃的时候切成丝，会更好食用。孩子的咀嚼能力没问题的话，切片或切成滚刀块，都可保留如肉类般的口感。

食材

杏鲍菇 6 朵
猪五花肉 6 片
白芝麻 10g

[ **酱汁** ]
米酒 10g
酱油 20g
蒜泥 10g
冰糖 10g

做法

1. 取一锅，倒入制作酱汁的所有食材，搅拌后煮至糖溶解（避免煮焦）。
2. 将杏鲍菇洗净，在底部划十字，放入开水锅中（锅中放 1 匙油）汆烫 3 分钟。
3. 猪五花肉切片、摊开，放上烫熟的杏鲍菇并卷起，在肉片表面涂抹酱汁。
4. 加热平底锅，放入**做法 3** 的肉卷干煎，煎熟后取出并撒上白芝麻即可。

## 把菇类包进肉片里，煎成香甜肉卷

用肉片把杏鲍菇包起来，并涂上甜甜的酱汁，不仅菇味变淡了，也让孩子愿意吃下一整朵杏鲍菇。此外，杏鲍菇耐久煮，煎煮烤炸炒都适合，煮鸡汤、与肉类炒食也都很搭，口感很特别，是可以多买做多种料理的食材。

# 平菇

营养特点

## β– 葡聚糖可降血糖、血压

平菇和其他菇类一样，多糖含量很高，可耐高温久煮。有研究报告指出，菇类中的鸟苷酸，在约 50°C时开始增加，到 60~70°C时增加最多，因此建议烹调时慢慢加热，用炖煮、焖煮的方式都很适合。此外，平菇还含有可降血糖、血压的β–葡聚糖，以及蛋白质、B族维生素、维生素D和矿物质等，这些物质能增强孩子的免疫力，也能强化骨骼。

变好吃！
做成蛋糕改变口感
食谱请见 P.228

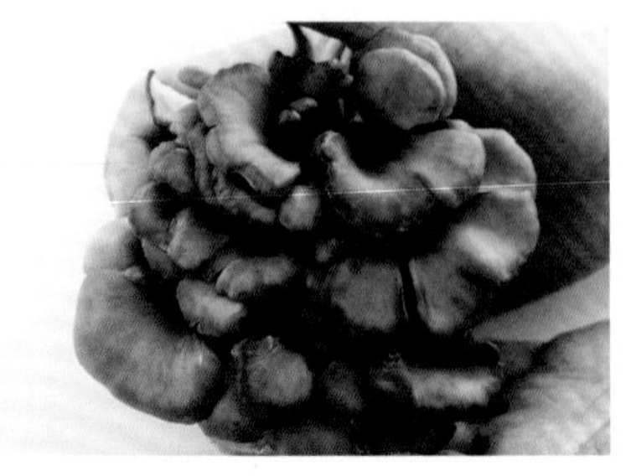

菌伞完整饱满、带有水分的为佳。

盛产季　全年

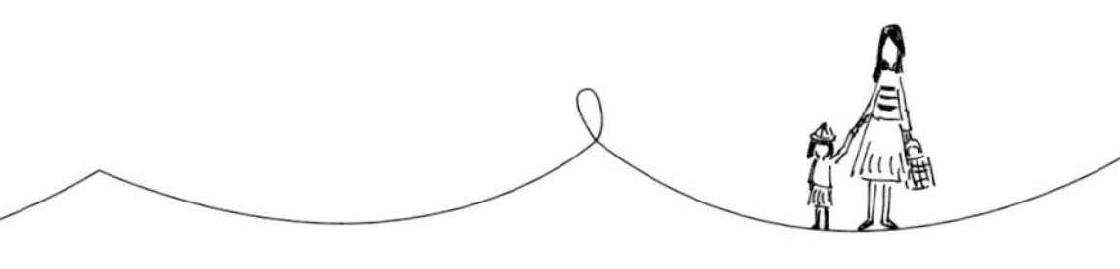

营养升级

## 多种菇类混合煮营养加倍

平菇含有鸟苷酸，所以吃起来有一种鲜甜味，不论热炒、煮汤、油炸、煮火锅都很适合。其实平菇的营养价值比美白菇、鸿喜菇都高，但因为颜色黑黑的，所以不是很受欢迎，实在有点儿可惜。建议妈妈采买时，多选几种菇类交替着吃，或者都买回来一同料理，不仅可以增加菇类料理的可口度，还能均衡摄取到不同菇类的营养素，为孩子全面增强免疫力。

**烹调平菇与蛋白质时需要注意……**

若把平菇和蛋类食物一起煮，建议先煮平菇。因为平菇里的蛋白质分解酶会使蛋白质无法凝固，所以应先将平菇煮熟后再加入蛋类食物一同烹调。

mini COOK

带孩子了解蔬菜！

**口感细致的梦幻之菇**

平菇曾因数量稀少，让人在山中找到时都会开心得跳起舞来，而得“舞菇”之名。选购时，要选菌伞密集、颜色为咖啡色，且肉质厚实、茎部白皙的。保存时，建议将平菇剥成方便食用的大小，再放入夹链袋中，放冰箱冷藏，可保存 4~5 天。

Recipe

# 缤纷飞舞咸蛋糕

复古风味的香咸蛋糕

食材

[ 内馅 ]
平菇 130g
油葱酥 15g
酱油 20g

[ 蛋糕体 ]
鸡蛋 4 个（只取蛋白）
细砂糖 100g
低筋面粉 150g
沙拉油 25g
全脂牛奶 25g
白芝麻 1 大匙

做法

1. 将平菇切片，放入锅中干炒至出水，然后加入油葱酥与酱油炒香，盛起备用。
2. 将蛋白和细砂糖放入钢盆中，搅打均匀至出现湿性发泡（呈现小弯钩）的蛋白霜。
3. 分 3 次筛入低筋面粉，然后加入沙拉油和牛奶拌匀。
4. 往烤模中倒入一半面糊，放入电锅或蒸笼里，用中大火蒸 10 分钟，然后铺上**做法 1** 的料，再倒入剩下的面糊再蒸 10 分钟，取出后撒上白芝麻即可。

## 用平菇做蛋糕，吃点心也能吃进营养

平菇有着不规则的外形，还有一种独特的清香，在烹调前可以先好好感受一下这独特的菇味！对于不太喜欢菇类的孩子来说，这道咸蛋糕的做法或许能引起他们的食欲。加了菇类、白芝麻、牛奶等食材的这道料理，是很营养的下午茶点心。

# 香菇

便秘和易腹泻者都可吃

营养特点

## 富含水溶性膳食纤维

在香菇所含有的众多营养素中，最重要的是可增强免疫力的多糖，妈妈们可多买来用不同方式烹调。但不同菇类的多糖不尽相同，因此可增强的免疫力方向也不同，建议最好不要只吃一种菇类，广泛摄取不同菇类，才能全面增强免疫力。香菇富含水溶性膳食纤维，不论是腹泻还是便秘的孩子，都很适合吃。

变好吃！

做成焗烤减少菇味

食谱请见 P.232

结实又新鲜的香菇，里面的折痕明显。

盛产季　全年

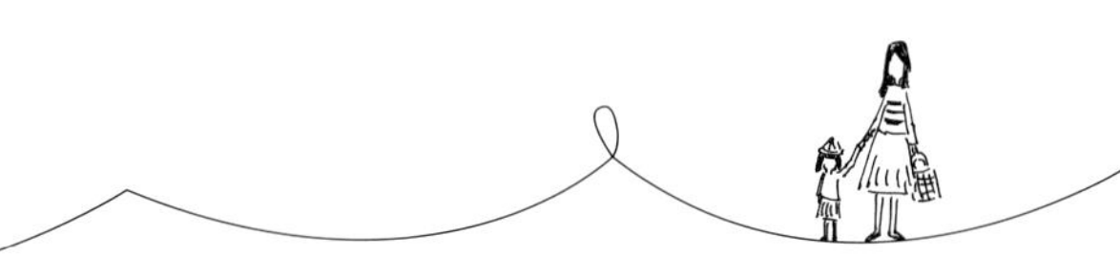

营养升级

## 煮成鸡汤增强免疫力

最适合与香菇一起搭配煮的，非鸡汤莫属了，因为鸡汤含有氨基酸，和香菇的多糖搭配，对于增强免疫力有双倍效果。在肠病毒流行或者季节交替容易感冒的时期，不妨煮锅香菇鸡汤给孩子吃，除了能让孩子吃到菇类本身就有的锌，还可加入同样富含锌的蛤蜊，以帮助新陈代谢、提升免疫系统的活力，孩子自然就不容易生病了。

mini COOK

### 带孩子了解蔬菜！

**读绘本《嗯哼嗯哼菇菇绘本：美好的相遇》**

香菇有好多不同的品种，借助趣味可爱的绘本，认识每一种菇都有自己的个性，增加孩子对菇类的好感，并和孩子讨论不同的菇类，因有什么特征被命名，比如孩子常见的金针菇，细细长长如针一般，因此将其命名为“金针菇”。

出版社：小熊出版社（中国台湾）
出版日期：2014/01/22
作者：〔日〕河合真吾

**干香菇含有维生素 D**

经太阳晒过的香菇，其香气与营养都被浓缩了，烹调前只要用水泡开即可使用。

# 焗烤大肚香菇

Recipe

大肚子装满咸香馅料

**小孩食用注意**

关于香菇的烹调，有一点非常重要，就是香菇不能生吃。若吃了生香菇或者没煮熟的香菇，会引起香菇皮肤炎，可能会发展成线状、鞭状的皮肤炎，因此一定要将香菇充分煮熟再食用。

食材

新鲜香菇 6 朵（大）
美乃滋 1 大匙
帕玛森奶酪 1 杯
洋葱末 3 大匙

做法

1. 香菇洗净去蒂，备用。
2. 将美乃滋、帕玛森奶酪、洋葱末搅拌均匀，制成内馅。
3. 将内馅填入香菇内，放进预热至 220°C 的烤箱，烤 10 分钟即可取出。

## 用香菇盛装馅料，一起做焗烤点心

香菇是许多孩子害怕或讨厌的蔬菜之一，这里把香菇做成可食容器，盛装孩子很喜欢的焗烤馅，加上富含钙质的奶酪，变成造型可爱的咸点心。做这道料理的时候，不妨让孩子帮忙填馅，步骤不难，顺便和孩子分享、说明香菇的营养，借助做料理让孩子认识这种好蔬菜。

# 秀珍菇

有益肠道可提升免疫力

营养特点

## 三萜类化合物能防止细胞变异

秀珍菇和其他菇类一样，都含有多糖及三萜类化合物等。已经有研究发现，秀珍菇对大肠癌细胞及人类的单核球细胞有抑制效果，也就是说多吃秀珍菇（或其他菇类），可对抗并攻击人体内的坏细胞，使坏细胞凋零，有预防癌症的功效。而且秀珍菇的萃取物还能为孩子营造很好的肠道健康环境，有利于提高孩子的免疫力、预防感冒，可以多多食用。

变好吃！
做成开胃菜减少菇味
食谱请见 P.236

如果孩子不是很喜欢菇味，可以从改变对菇类的切法开始，先用小块烹调，待孩子习惯后再慢慢变大块。

带孩子了解蔬菜！

修长细致的秀珍菇

由于秀珍菇体形较小，保存的时间比较短，虽然连同包装放进冰箱冷藏可保存约 3 天，但是放置过久还是会容易变黑或腐烂，建议购买后尽早食用，才能品尝到最鲜美的味道！

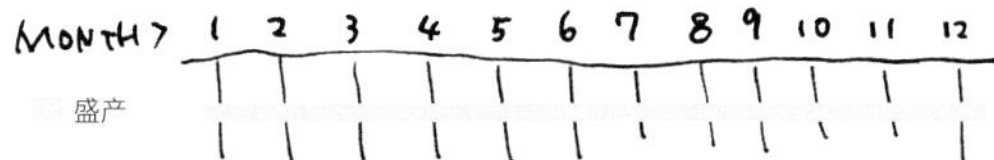


盛产

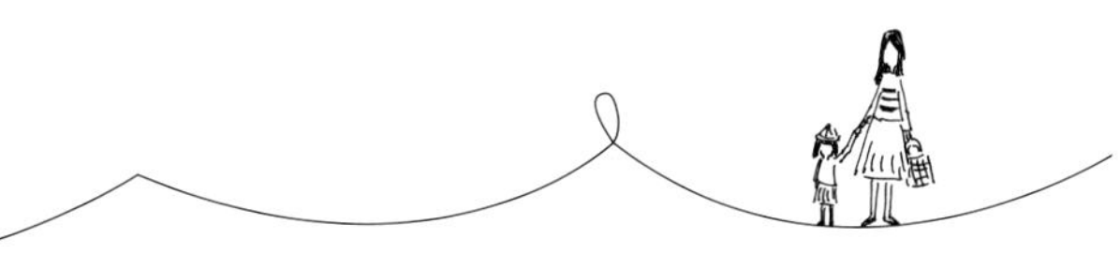

营养升级

## 凉拌让氨基酸释放鲜甜

下页介绍的姜丝蚝菇是凉拌菜，凉拌的好处是在 60°C左右烹调，可使氨基酸释放鲜甜滋味，再浸入带点儿甜味的酱汁中，冰镇后食用。这道菜不仅能吃到不同菇类所含的不同多糖，也能借由甜酱汁的好味道，提高孩子们对菇类的接受度。此外，秀珍菇的蛋白质含量比香菇、草菇还要高，适合和肉类同煮，可同时吃到植物性和动物性蛋白质。

**秀珍菇名字的由来**

菇农偶然提早采收凤尾菇时，发现未成熟的菇体细致秀丽，所以取名“秀珍菇”，其实它是另一种菇类未成熟的孩童期。选购时应挑选菌伞较完整、伞片较厚、裂口较少、菌柄较短的。

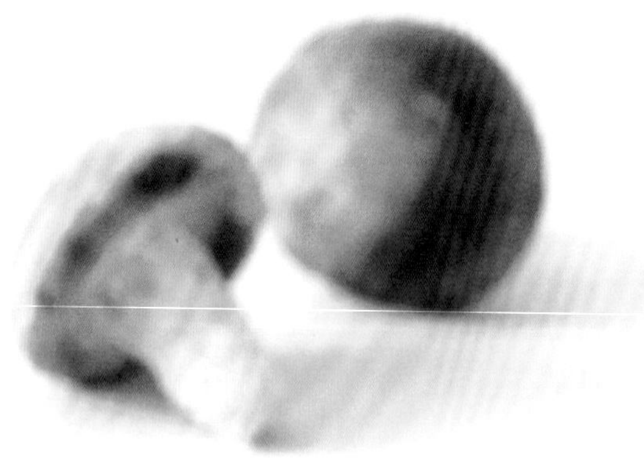

Recipe

冰凉鲜甜的开胃菜

# 姜丝蚝菇

**食材**

秀珍菇 100g
新鲜香菇 100g
大蒜 2 瓣
姜丝 5g

[ **酱汁** ]
蚝油 1 大匙
黑醋 ½ 小匙
砂糖 ½ 小匙

**做法**

1. 将新鲜香菇洗净切片，秀珍菇切小段，大蒜切末，备用。
2. 备一开水锅，放入菇类，汆烫后取出，沥干水分。
3. 取一小碗，放入制作酱汁的所有食材和蒜末、姜丝拌匀。
4. 将菇类放入**做法 3** 的酱汁中冰镇一晚，隔天即可食用。

## 用酱做腌渍或干煎，减少菇类味道

很多孩子不喜欢吃菇类，是因为害怕菇类的特殊味道。这里使用了凉拌腌渍的方式，姜、蒜不仅能让菇类味道减轻，属性辛温的姜还能中和性凉的菇类。除了腌渍，若要热炒菇类，可以将其先干煎一下，也是去除菇类土味的一个好方法！

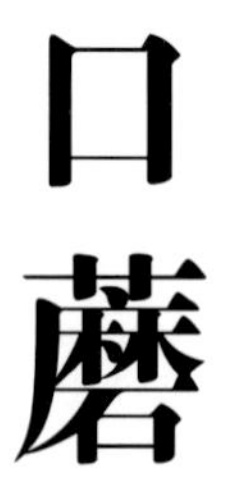

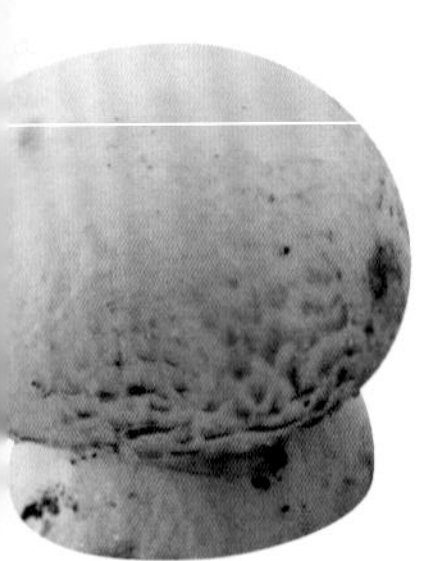

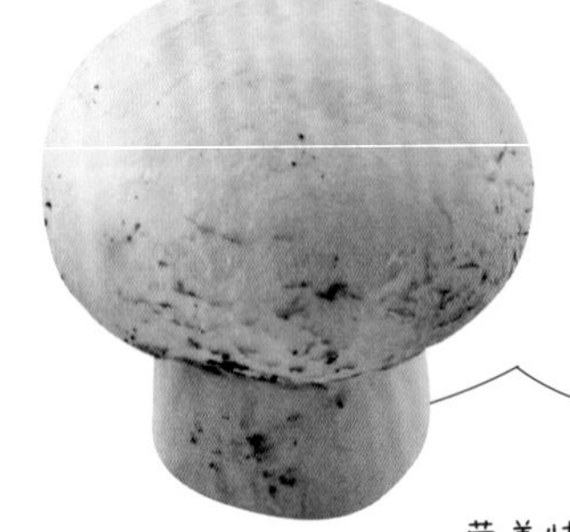

营养特点

## 低热量高蛋白可媲美牛排

口蘑营养丰富，特别是富含蛋白质（每 100 g 口蘑含 38.7 g 蛋白质），所以被称为“蔬菜中的牛排”。口蘑菇含有多糖及蘑菇凝集素，更是抗肿瘤、调节免疫力和抗病毒的推荐食物。菇类多糖的作用是刺激免疫细胞、提高免疫力，而凝集素则扮演着啦啦队的角色，能呼应身体里各种酵素的正常运作，妈妈们在餐桌上可以告诉孩子这个健康小知识。

变好吃！
做成面包酱减少菇味
食谱请见 P.240

选购时，应挑选根部平整无伤的。

盛产季 全年

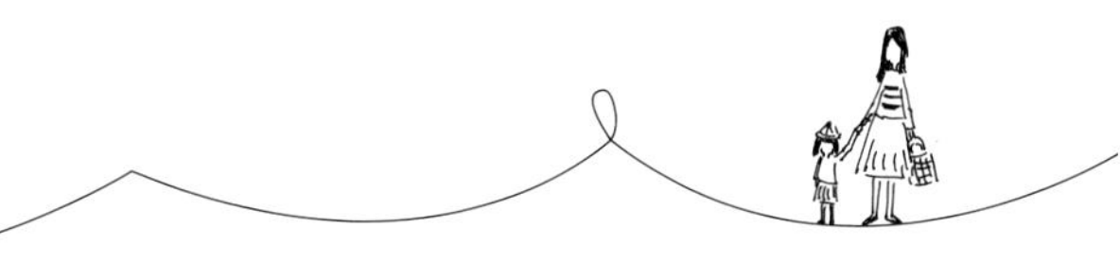

营养升级

## 多种菇类一起煮可使营养加倍

菇类是纤维含量高又能增强免疫力的好食材，在容易感冒的季节，如春、秋季，若让孩子多吃菇类，可避免感冒，还能预防便秘。不同的菇类含有不同种类的多糖，其对免疫细胞和生化路径有不同的作用，所以最营养的吃法就是多尝试各种菇类做烹调。口蘑搭配面包，若再加上水煮蛋切片或炒蛋，淀粉、蔬菜、蛋白质就都有了，是一款营养均衡的早餐。

mini COOK

带孩子了解蔬菜！

**充满童话想象的可爱蘑菇**

许多孩子不喜欢口蘑的气味，可以在料理前先将口蘑泡在水里，减少其味道。但是口蘑的形状讨喜，因此有许多模仿口蘑的形状创作的作品，如《蓝精灵》里的蘑菇村。可带孩子观察口蘑的形状，用不同的食材创作蘑菇村，让孩子喜欢上口蘑！口蘑接触空气后容易氧化变黑，因此购买后要尽快烹调并食用完毕。

Recipe

有浓汤般的香滑感

# 香滑口蘑佐面包片

食材

口蘑 200g
红葱头 1 瓣
大蒜 1 瓣
百里香 1 小匙
盐 1 小匙
法式鲜奶油 1 大匙
法国面包数片
植物油少许

做法

1. 将口蘑洗净切片，红葱头与大蒜皆切成末，备用。
2. 平底锅加油，用中大火加热，加入口蘑片，炒至略变为褐色，用盐调味。
3. 转中火，加入红葱头末、蒜末炒出香味，起锅前撒上百里香拌一下。
4. 装入有一定深度的盘中，倒入法式鲜奶油搅拌均匀，搭配法国面包片享用。

## 用浓汤概念，把口蘑做成面包蘸酱

口蘑很适合做成有浓郁口感的料理，比如浓汤、加奶酪焗烤、意大利面等。这里利用口蘑滑滑的口感做成面包蘸酱，给孩子当课后点心。不太喜欢吃肉的孩子，可以尝试这道料理，让孩子多多摄取营养丰富又多元的口蘑。

# 青葱

抑菌又促进代谢

营养特点

## 有机硫化物可减少自由基

葱具有抑菌功效，是有食疗作用的天然抗生素。葱还含有苹果酸，可促进柠檬酸循环、帮助代谢。若孩子感冒了，可用青葱做料理，使孩子发汗，有助于痊愈。葱所含有的有机硫化物可减少人体内的自由基，增加谷胱甘肽的数量，提高肝脏的解毒能力。此外，青葱还含有大蒜素与槲皮黄酮，可降低甘油三酯、血脂和血压，抗自由基，对预防心血管疾病很有帮助。

变好吃！
做成蛋饼减少葱味
食谱请见 P.244

青葱长在地里的样子。

盛产季　全年

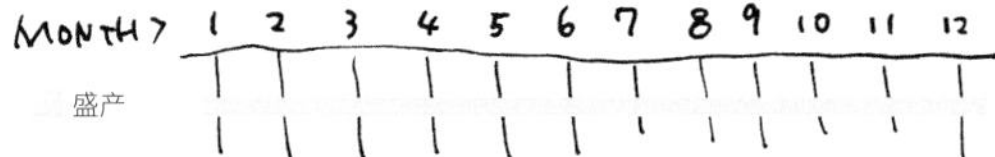

营养升级

## 与肉类同煮促进 B 族维生素吸收

葱和肉类一起煮，可促进 B 族维生素的吸收。葱还含有蒜素类黄酮、植化素、维生素 C、维生素 E 等营养素，生吃可补充维生素 C，熟食则可吃到类黄酮，可帮助降血压。葱白部分含有硫化丙烯，加热时会和葱里的糖结合，带出一点点甜味，能减少葱本身的特殊气味。葱是烹调的最佳配角，可以炒蛋、炒菜、炒肉等，不妨从中找出孩子可接受的组合。

台湾地区宜兰的三星葱田。

mini cook

### 带孩子了解蔬菜！

**读绘本《蔬菜的化妆舞会》**

每种蔬菜都精心打扮，因为蔬菜舞会要开始了！借助书中主角——青葱先生拿着线索想要寻找女舞伴的过程，可以带孩子观察每种蔬菜的特征，增加对蔬菜的认知。料理之前，可以带孩子用纸片剪出不同形状，为葱做些装饰，之后再请孩子用食物剪刀将葱剪成葱花或葱段，通过读绘本与手作游戏使增加孩子对葱的好感度！

出版社：福建少年儿童出版社
出版日期：2012/07
作者：兔子波西

Recipe

# 葱明酥香蛋饼

做成蛋饼减少葱味

**食材**

鸡蛋 3 个
牛奶 1 大匙
奶酪 1 大匙
青葱 1 把
小番茄 2 个
冷冻酥皮 4 张

**做法**

1. 先将每张酥皮切成 4 等分的方形，取其中的 3 张相叠，中间用饼干模型挖空。
2. 将 3 张挖空的酥皮叠在第 4 张酥皮（完整的）上面。
3. 将烤箱预热至 200°C，将酥皮烤 10 分钟后取出。
4. 将青葱切成末、小番茄切丁，打散蛋液，备用。
5. 取一碗，将蛋液、牛奶、葱末、奶酪、小番茄拌匀，倒入烤好的酥皮中。
6. 让烤箱降温至 175°C，烤 10 分钟后取出。

## 把酥皮当容器，做成造型小蛋饼

一般蛋饼里的葱容易被孩子讨厌，这里把蛋饼皮改为酥皮，用它当容器，装入蔬菜蛋液再烤，葱的味道就变得不太明显了，而且造型可爱又好吃。蛋液里的食材可以自由替换，倒入蛋液的工作就交给孩子，烤好的小蛋饼马上就会被一扫而空。

# 蒜苗

抗菌防感冒保健康

营养特点

## 含硫化合物能增强免疫力

大蒜素是大蒜受到挤压之后释放的含硫化合物，能增加淋巴细胞和吞噬细胞的数量及活性，具有抗菌、增强免疫力、预防与缓解感冒的功效。但对某些小朋友来说，生吃大蒜可能太辣太刺激了。这时蒜苗（青蒜）就是很好的替代方案，它同样含有硫化合物。多让孩子吃蒜苗，孩子的身体能更强健。

变好吃！
做成卷饼改变味道
食谱请见 P.248

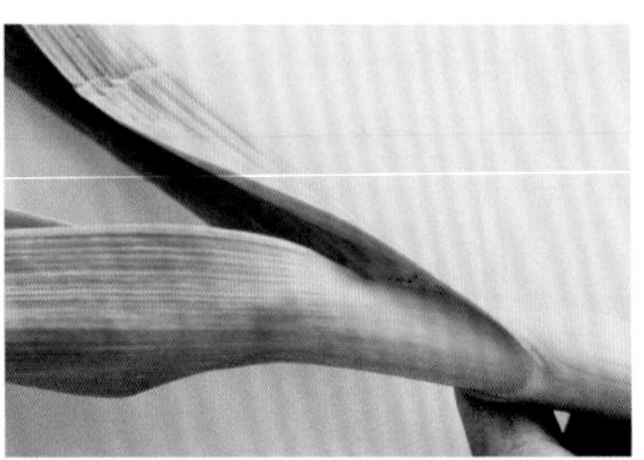

选购时，要注意叶面与主茎之间应密合、不脱落。

盛产季　冬季；每年 12 月至来年 4 月

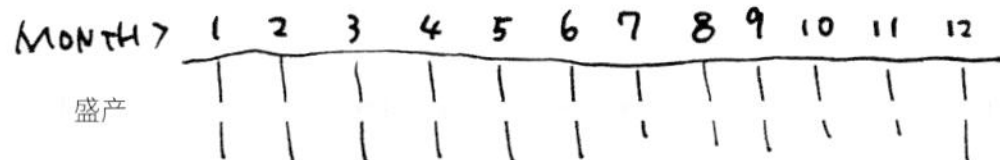


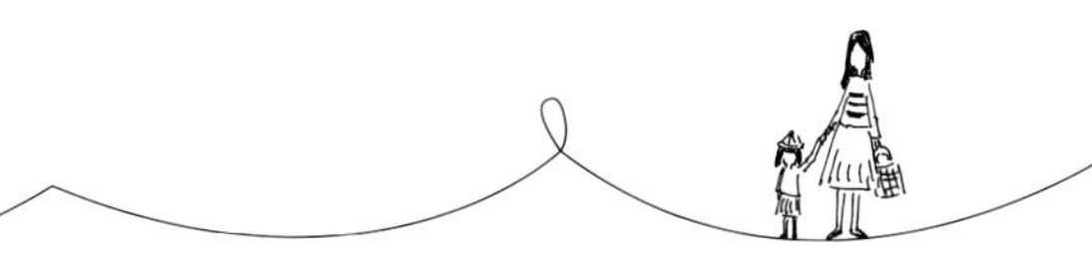

营养升级

## 与牛肉同煮摄取双重铁

蒜苗富含膳食纤维，且含有钾、钙、镁、铁、锌、硒、维生素 C，营养价值很高。下页介绍的牛肉炒蒜苗可使孩子同时摄取植物性铁和动物性铁，若再加上青椒，其中的维生素 C 会让铁更易吸收，对孩子来说是很棒的补铁料理。另外，蒜苗炒咸猪肉也是很常见的食材组合。如果家中孩子瘦弱又胃口不好，改做蒜苗炒咸猪肉也不错，可以让孩子适度摄取钠和提振食欲。

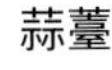

**蒜薹**

青蒜长出花梗，未开花之前的长长花茎就是蒜薹。

mini COOK

## 带孩子了解蔬菜！

**亲兄弟也要“明蒜账”！**

很多人以为蒜头、蒜苗和蒜薹是 3 种不同的作物，其实它们是亲兄弟！大蒜其实就是由蒜瓣集合而成的蒜球，人们习惯称之为蒜头；蒜头种入土中发出嫩芽，即是我们常见的蒜苗或青蒜；等青蒜长出花梗，未开花前的修长花茎就是蒜薹了！不管是哪个时期的蒜都是料理的好伙伴。

Recipe

# 蒜苗牛肉卷饼

高纤有铁质的一手食

**小孩食用注意**

葱科中最重要的属是葱属，葱属包括多种食用植物，如葱、洋葱、蒜、韭菜等，这些蔬菜都含有大蒜素。若孩子真的没办法接受大蒜和蒜苗的味道，不妨用葱、洋葱等蔬菜替代，一样能让孩子摄取到大蒜素，达到抗菌强身的效果。

食材

葱油饼 5 片（现成品亦可）
蒜苗 1 把（斜切）
牛肉丝 150g
植物油少许

[ 腌汁 ]
酱油 1 小匙
米酒 1 小匙
味噌 ½ 小匙
玉米淀粉 ½ 小匙

做法

1. 取一小碗，将牛肉丝放入腌汁中腌制 5 分钟，备用。
2. 加热平底锅，加入植物油，用大火先炒熟牛肉丝，然后加入蒜苗略炒，盛盘。
3. 用平底锅将葱油饼一片一片煎至两面金黄，把牛肉丝卷入葱油饼，包成圆卷形即可。

## 用拌炒牛肉让蒜苗辛辣感降低

蒜苗的辛辣感虽然不及大蒜明显，但还是能感觉到，所以我们做这道拌炒牛肉，把牛肉和蒜苗包在一起吃，外皮则是孩子喜欢的葱油饼，很适合当成点心或简单的主食。除了葱油饼，也可以夹进馒头中或做成包子，变化成另一种风味。

# 姜

含有膳食纤维与姜醇

营养特点

## 姜醇可抗发炎、预防心血管疾病

姜是香辛料，也是中药材之一，含有膳食纤维、钾、钙、镁、锌、硒、锰等营养素。从营养学角度看，老姜和嫩姜的营养价值差不多，其中最值得一提的是姜醇。研究发现，姜醇可提升身体抗氧化、抗发炎的能力，并且能抑制血小板凝集素与血栓素生成，避免血液过度浓稠，预防心血管疾病，还能舒缓呕吐不适，可与性凉的食材一起煮，例如瓜类、菇类等。

变好吃！
做成零食减少辣味
食谱请见 P.252

还有更多姜家族！

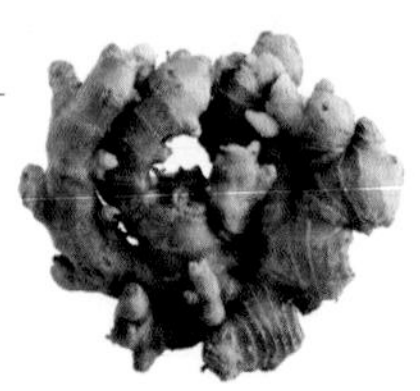

**粉姜**

颜色比嫩姜深一点儿，能降低食物的寒凉性，可健胃护脾。

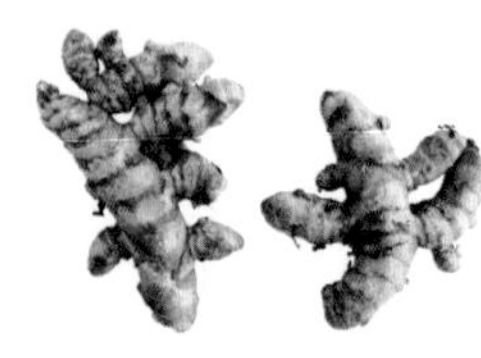

**姜黄**

在东南亚料理中常使用，一般会磨成姜黄粉，不太辣但香气足。

盛产季 全年

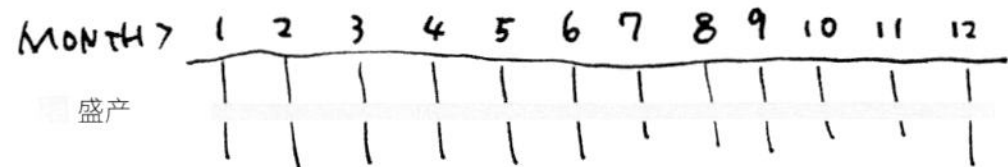


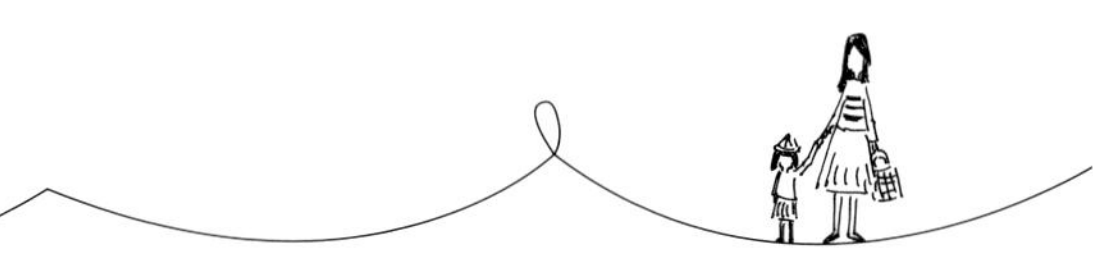

营养升级

## 与黑糖同煮增加矿物质

平时大家都把姜当成香辛料使用，下面推荐一种把姜做成零食的吃法。可以将老姜切片，再泡在浓黑糖水里熬煮，利用黑糖水煸姜收汁，做成类似蜜饯的口感。这个方法既能吃到姜中的营养素（老姜所含的姜醇最高），也可以吃到黑糖里的矿物质。或像下一页食谱介绍的做法，以嫩姜取代老姜，先用水煮两次，降低姜的辣度，这样孩子的接受度会更高，而且温胃祛寒，好吃又有益身体。

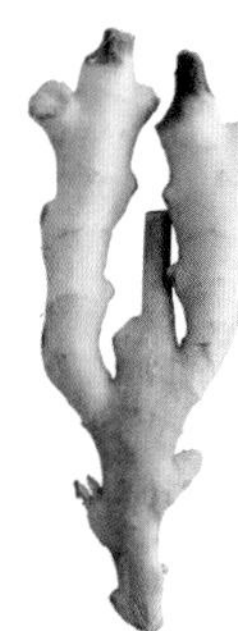

嫩姜

肉嫩多汁，有辛味但不至于过辣。

mini COOK

带孩子了解蔬菜！

### 不同生长阶段的姜

春天播种、夏秋之际挖出来的是嫩姜，嫩姜带着紫红色的鳞片，鲜嫩且不辣；到秋天才挖出的，是外皮光泽的粉姜；冬春之交挖出的，则是纤维粗、表皮皱且辛辣度极高的老姜。如果一直不将老姜挖出，直到来年挖嫩姜时才一并挖出，老姜就会呈现又干又扁的状态，那就是姜母。姜母味道最重、最辛辣，通常会被做成秋冬补身的常见料理姜母鸭。

姜受潮容易发霉烂掉，因此保存时要注意。老姜不需要放入冰箱，只要没有切过，放在干燥通风处即可；而嫩姜和粉姜则需密封放入冰箱保存，也可以先切片或切丝，再密封冷冻保存，方便烹调，但仍建议尽早食用完毕。

Recipe

当零食的天然蜜饯

# 生姜蜜饯

**食材**

嫩姜 100g
砂糖 50g

**做法**

1. 嫩姜洗净，切成 0.5cm 的薄片。
2. 锅中放水，放入嫩姜煮开后换新水，再煮沸一次。
3. 第三次换新水时加入砂糖，煮至姜片变透明。
4. 将煮好的生姜片放在烤网上，均匀撒上一大匙砂糖，使其充分晾干。
5. 待其充分干燥后，放进干净无水的容器中保存。

## 煮沸两次去除姜的辛辣味

若直接用姜烹调，或是切丝佐料理，姜本身辣辣的味道并不是每个孩子都能接受的。可以试着把姜做成有趣的零食，让孩子尝试不同寻常的吃法。只要煮沸两次，就能把姜的辣味去掉不少。做这道蜜饯时，让孩子帮你把生姜片铺上烤网、再撒上砂糖，体验手作的乐趣。